ESSAI
SUR LA ROSÉE.

S

ESSAI
SUR LA ROSÉE,

ET

SUR DIVERS PHÉNOMÈNES QUI ONT DES RAPPORTS AVEC ELLE;

Par WILLIAM-CHARLES WELLS,

Docteur en Médecine, Membre des Sociétés royales de Londres et d'Édimbourg;

TRADUIT DE L'ANGLAIS SUR LA DEUXIÈME ÉDITION,

Par AUG. J. TORDEUX, Maître en Pharmacie, Membre correspondant de la Société d'Amateurs des Sciences et Arts de Lille, et de la Société Médicale de Douay.

A PARIS,

CHEZ CROCHARD, LIBRAIRE, RUE DE SORBONNE, N° 3.

1817.

DE L'IMPRIMERIE DE FEUGUERAY,
rue du Cloître Saint-Benoît, n° 4.

A

M. JAMES DUNSMURE,

ÉCUYER,

NÉGOCIANT A LONDRES.

MON CHER MONSIEUR,

Sans votre secours je n'aurais très-probablement jamais acquis les connaissances sur lesquelles est principalement fondé l'Essai qui suit ; car, étant obligé de me trouver journellement à Londres, je crois que je n'aurais pu me procurer, pour faire mes expériences, un autre local aussi convenable que celui dont vous m'avez permis de disposer pendant fort long-temps, quoique cela fût manifestement fort incommode à vous et à votre famille. Permettez-moi de vous assurer que je sens vivement cette bonté, et que je vous en aurai une éternelle reconnaissance.

Je suis,

MON CHER MONSIEUR,

Votre très-obéissant serviteur
et fidèle ami

WILLIAM-CHARLES WELLS.

Londres, le 25 août 1814.

[illegible]

[illegible]

[illegible]

[illegible]

[illegible]

ESSAI
SUR LA ROSÉE.

INTRODUCTION.

Je fus conduit, dans l'automne de 1784, par l'événement d'une expérience grossière, à regarder comme probable que la formation de la rosée est accompagnée de production de froid. En 1788, un Mémoire sur *la gelée blanche*, par M. Patrick Wilson de Glasgow, fut publié dans le premier volume des Transactions de la Société royale d'Édimbourg, par lequel il semble que cette opinion était celle de ce gentilhomme avant qu'elle ne me vînt à l'esprit. Pendant la même année, M. Six de Canterbury dit dans un Mémoire communiqué à la Société royale, que, durant les nuits claires, il trouvait toujours le mercure plus bas dans un thermomètre mis à terre dans une prairie de son voisinage, qu'il ne l'était dans un thermomètre semblable suspendu dans l'air à six pieds au-dessus du premier; et qu'une nuit, la différence était de 5° de l'échelle de Fahrenheit ou (2°,7 th. centigr.). Cependant, M. Six ne supposa point, comme nous avions fait M. Wilson et moi-même, que le froid était occasionné par la formation de la rosée; mais il imagina qu'il était dû en partie à la basse température de l'air, par lequel la rosée était descendue, et en partie à l'évaporation de l'humidité de la terre sur laquelle son thermomètre était placé. La conjecture de M. Wilson et les observations de M. Six, jointes à plusieurs faits que j'appris dans le cours de mes lectures, fortifièrent mon opinion; mais avant l'automne de 1811, je ne fis aucune tentative pour déterminer par l'expérience si elle était juste, quoique pendant tout ce temps-là elle se fût présentée presque chaque jour à ma pensée. Me trouvant dans cette saison à la campagne pendant une nuit claire et calme, je plaçai un thermomètre sur de l'herbe recouverte de rosée, et j'en suspendis un second à deux pieds au-dessus, dans l'air. Une heure après, le thermomètre sur l'herbe fut trouvé de 8° de Fahrenheit (4°,44 th. c.) plus bas que celui suspendu dans l'air. Après avoir obtenu des résultats analogues d'expériences semblables durant le même automne, je me déterminai, au printemps suivant, à poursuivre ce sujet avec quelque assiduité, et dans cette intention j'allai fréquemment chez un de mes amis qui demeurait à Surrey. Au bout de deux mois, je me flattais d'avoir rassemblé des connaissances qui méritaient d'être publiées; mais heureusement, lorsque je m'y préparais, je rencontrai, par hasard, un petit ouvrage posthume de M. Six, imprimé à Canterbury en 1794, dans lequel sont rapportées des différences observées pendant des nuits abondantes en rosée, entre des thermomètres placés sur l'herbe et d'autres suspendus dans l'air, beaucoup plus grandes que celles dont il parle dans son Mémoire présenté à la Société royale en 1788. Dans cet ouvrage aussi, la froidure de l'herbe est attribuée, conformément à l'opinion de M. Wilson, entièrement à la rosée dont elle est recouverte. L'importance de mes propres observations me paraissant alors beaucoup diminuée, quoiqu'elles embrassassent plusieurs points auxquels M. Six n'avait pas touché, j'abandonnai mon projet de les faire connaître. Cependant, bientôt après, en considérant le sujet avec plus d'attention, je commençai à soupçonner que M. Wilson, M. Six et moi-même, avions tous trois commis une erreur en regardant le froid qui accompagne la rosée comme un effet de la formation de ce fluide. En conséquence, je repris mes expériences. Ayant, je crois, avec leur secours, établi non-seulement la justesse de mon soupçon, mais reconnu aussi la cause réelle de la rosée et de plusieurs autres phénomènes naturels, qui n'ont jusqu'à présent reçu aucune explication suffisante, je me hasarde aujourd'hui à présenter aux savans un détail de quelques-uns de mes travaux et de différentes conclusions qu'on peut en déduire, mêlés avec les faits et les opinions qui ont été publiés par d'autres.

PREMIÈRE PARTIE.

Des Phénomènes de la Rosée.

SECTION PREMIÈRE.

Des Circonstances qui influent sur la production de la Rosée.

Aristote (1) et plusieurs autres écrivains ont remarqué que la rosée ne paraît que dans les nuits calmes et sereines. La justesse de cette observation n'a cependant pas été universellement admise, car Musschenbroek dit (2) que la rosée se forme, en Hollande, lorsque la surface de la campagne est couverte d'un brouillard bas; mais comme il dit en même temps qu'elle est indistinctement déposée sur tous les corps, l'humidité dont il parle ne peut proprement être appelée *rosée*, comme on le verra plus évidemment par la suite. D'autres écrivains de grande réputation ont aussi regardé la sérénité de l'atmosphère comme n'étant pas nécessaire à la production de la rosée; ils furent séduits, je crois, en partie par la théorie et en partie en observant, dans des matinées brumeuses, des rosées abondantes qui avaient été produites pendant des nuits claires. Sous ce rapport, je puis assurer, d'après beaucoup d'expériences, que je n'ai jamais trouvé la rosée fort abondante, si ce n'est dans un temps serein. Quant à la nécessité que l'air soit tranquille, je ne con-

(1) *Meteor.*, *lib.* I, c. X; et *de Mundo*, c. III.

(2) *Nat. phis.*, t. II, *de Rore*.

nais personne qui la rejette, excepté feu M. Prieur (1): il assure, contre l'observation la plus commune, qu'un vent frais est nécessaire pour la production de la rosée.

Cependant on ne doit point prendre la remarque d'Aristote dans son sens le plus strict, puisque j'ai souvent trouvé une petite quantité de rosée sur l'herbe pendant des nuits venteuses, lorsque le ciel était clair ou à-peu-près, et pendant des nuits nuageuses, lorsqu'il ne faisait pas de vent; mais je n'en ai jamais vu pendant des nuits à la fois venteuses et sombres; à la vérité, lorsque les nuages sont élevés et le temps bien calme, j'ai quelquefois aperçu sur l'herbe, quoique le ciel fût entièrement caché, une quantité notable de rosée; de plus, il est si peu nécessaire que l'atmosphère soit bien en repos pour la formation de ce fluide, que sa quantité m'a paru augmentée par un léger mouvement dans l'air.

Si dans le cours d'une nuit, le temps, de calme et serein, devient venteux et couvert, non-seulement la rosée cessera de se produire, mais celle qui existait précédemment ou disparaîtra ou diminuera beaucoup.

Si dans un temps calme le ciel est partiellement couvert de nuages, la rosée se produira plus abondamment que s'il était tout-à-fait couvert, mais moins que s'il était entièrement clair.

La rosée commence probablement, dans ce pays, à se former sur l'herbe, dans les lieux abrités du soleil, pendant un temps clair et calme, bientôt après que la chaleur de l'atmosphère a diminué. Cependant je n'ai pu me procurer assez souvent l'occasion de faire ces

---

(1) Journal de l'Ecole Polytechnique, t. II, 409.

remarques, car tout en m'occupant de ce sujet, je ne venais à la campagne que fort tard après midi; mais j'ai souvent vu l'herbe humide, dans un temps sec, plusieurs heures avant le coucher du soleil; d'un autre côté, j'ai à peine observé que la rosée fût assez abondante sur l'herbe pour présenter des gouttes visibles avant que le soleil ne se trouvât à l'horizon, et qu'elle fût fort abondante, si ce n'est quelque temps après son coucher; elle continue encore à se produire dans les endroits ombragés après son lever; mais, d'après mes observations, qui, sur ce point, n'ont pas été fort multipliées, l'intervalle entre le lever du soleil et le moment où la rosée cesse de se former, est beaucoup plus court que celui entre sa première apparition après midi et le coucher du soleil. Au contraire, cependant, de ce qui arrive au coucher, si le temps est favorable, la production est plus abondante un peu avant le lever, et dans les endroits ombragés un peu après, que dans tout autre temps. Musschenbroek se trompe donc fortement quand il dit que la rosée ne se forme plus après le lever du soleil; les observations précédentes sur l'apparence avancée de la rosée dans l'après-midi, doivent être restreintes à ce qui arrive à l'herbe, ou aux autres substances qui l'attirent énergiquement, étant placées sur la terre; car elle se montre beaucoup plus tard sur les mêmes substances qui sont élevées à quelques pieds au-dessus du sol, quoique sur celles-ci elle continue à se former aussi long-temps après le lever du soleil que sur les premières, pourvu qu'elles soient également préservées des rayons de cet astre.

Une fois que la formation de la rosée a commencé, elle continue durant toute la nuit, si le temps reste tranquille et serein; à la vérité, M. Prieur, dont j'ai déjà parlé, assure que la rosée ne se forme que le soir et le matin, et que tout ce qui s'est produit à la première de ces époques disparaît toujours dans le cours de la nuit. Toutefois je puis affirmer, d'après une longue expérience, que l'herbe, après avoir été couverte de rosée le soir, ne se retrouve sèche qu'après le lever du soleil, à moins que le temps n'ait changé. Dans une nuit sereine et tranquille, je plaçai d'heure en heure de petits paquets de laine fraîche sur de l'herbe, et en les pressant après une exposition d'une heure, je trouvai qu'ils avaient tous attiré de la rosée.

Lorsque la rosée se forme sur un corps dense et poli comme le verre, et ce n'est qu'à l'aide d'un tel corps que les progrès de son apparition peuvent être observés nettement, les phénomènes ressemblent tout-à-fait à ceux qui se présentent sur ce corps, lorsqu'il est exposé à la vapeur de l'eau un peu plus chaude que lui-même; la surface exposée perd d'abord une partie de son lustre, par une légère humidité qui s'y répand d'une manière uniforme; à mesure que l'humidité augmente, elle se ramasse en gouttes aplaties, de formes irrégulières, d'abord très-petites; mais ensuite elles grossissent et se réunissent plusieurs ensemble, en formant des stries au moyen desquelles elle s'échappe du corps qui l'avait reçue.

Pendant des nuits également claires et calmes, la rosée paraît souvent en quantités fort inégales, même après avoir fait les corrections nécessaires pour leurs durées respectives. On aperçoit facilement une grande cause de ces différences; car il est évident que quelque théorie que l'on adopte concernant la cause immédiate de la rosée, plus l'atmosphère approche de son maximum d'humidité avant l'action de cette cause, et plus la précipitation de l'humidité sera abondante, après que cette action aura commencé. Toutes les circonstances qui tendent à augmenter la quantité d'humidité dans l'atmosphère doivent également tendre à augmenter la production de la rosée. Ainsi la rosée, dans des nuits également calmes et claires, est plus abondante immédiatement après la pluie que pendant un long espace de temps sec. Elle est aussi plus abondante, par toute l'Europe, sauf peut-être quelques exceptions, et dans quelques parties de l'Asie et de l'Afrique, pendant les vents du sud et de l'ouest que pendant ceux qui soufflent du nord et de l'est. Aristote (1) dit que le Pont est le seul pays où la rosée soit plus abondante par un vent du nord que par un vent du sud. Mais l'Egypte nous offre le même phénomène, car on y observe à peine de la rosée, excepté pendant la durée des vents étésiens; deux cas, qui, quoique contraires à ce que nous avons énoncé, sont cependant d'accord avec l'esprit du principe; puisque le vent du nord, dans l'un de ces pays, vient du Pont-Euxin, et dans l'autre de la Méditerranée. Une autre circonstance analogue à celle qui appartient à la direction des vents du sud et de l'ouest, et qui fait voir que l'air contient beaucoup d'humidité, c'est la diminution du poids de l'atmosphère. Mes expériences sur ce sujet ne se sont pas étendues fort loin, à la vérité, puisque la descente du mercure dans le baromètre est ordinairement accompagnée de vent ou de

---

(1) *Meteor.*, *l.* 1, c. x.

nuages, qui sont défavorables à la production de la rosée; mais la plus forte rosée que j'aie jamais vue, se produit lorsque le mercure du baromètre descend. Une observation semblable a été faite par M. de Luc, qui dit que la pluie peut être présagée lorsque la rosée est plus abondante que d'ordinaire, par rapport au climat et à la saison (1).

Il faut également rapporter à la quantité plus ou moins grande d'humidité dans l'atmosphère, dans le temps de l'action de la cause immédiate de la rosée, plusieurs autres faits relatifs à son abondance, et dont la raison n'est pas aussi apparente que dans les exemples qui précèdent.

D'abord, la rosée est ordinairement plus abondante au printemps et en automne qu'en été, parce qu'on trouve en général une plus grande différence dans les températures du jour et de la nuit durant les deux premières saisons que pendant la dernière. Au printemps l'effet de cette circonstance est souvent détruit par l'influence opposée des vents du nord et de l'est; mais pendant les nuits tranquilles et sereines d'automne, la rosée est presque toujours fort abondante.

En second lieu, la rosée est toujours très-abondante dans ces nuits claires et calmes qui sont suivies de matinées nébuleuses et sombres, car cet état sombre de l'air, au matin, fait voir que durant la nuit précédente, il devait contenir une quantité considérable d'humidité.

Troisièmement, j'ai observé que la rosée était très-abondante dans une matinée claire qui suit une nuit de temps couvert, parce que, dans le cours de la nuit, l'air

---

(2) Recherches sur les mod. de l'atm., § 725.

n'ayant perdu que peu ou point d'humidité, il se trouve, au matin, plus chargé de vapeur aqueuse qu'il ne l'eût été si la nuit eût aussi été claire.

Qatrièmement, si les autres circonstances sont favorables, ce qui, d'après mes expériences, arrive rarement en ce pays, la chaleur de l'atmosphère occasionne une grande formation de rosée. Car, comme le pouvoir de l'air, pour retenir de la vapeur aqueuse dans un état transparent, augmente beaucoup plus qu'en proportion de sa chaleur, une diminution de celle-ci pendant la nuit, quelque petite qu'elle soit, doit l'amener, si la température était élevée, beaucoup plus près du point de réplétion, avant que la cause immédiate de la rosée ne puisse agir, que si la température était basse. Nous voyons, conformément à cela, par les écrits de ceux qui ont voyagé dans les pays chauds, qu'ils y ont fréquemment observé une abondance de rosée qui excède de beaucoup celle qui se présente à nous dans ce pays, en aucun temps. Et même ici la rosée, quoique le plus souvent rare dans la saison la plus chaude, y est quelquefois fort abondante: il s'en est présenté un exemple à moi dans la nuit du 29 au 30 juillet 1813: dans cette nuit, malgré sa courte durée, il me parut qu'il y avait plus de rosée que je n'en eusse jamais observée dans aucune autre.

Enfin, j'ai toujours trouvé, lorsque la clarté et la tranquillité de l'atmosphère étaient les mêmes, qu'il se forme plus de rosée entre minuit et le lever du soleil qu'entre son coucher et minuit, quoique la quantité réelle d'humidité dans l'air doive être moindre dans le premier temps mentionné que dans le second, par suite d'une précipitation partielle déjà effectuée. La raison en est, il n'y a pas de doute, que le froid est plus grand dans la seconde que dans la première partie de la nuit.

Mais plusieurs circonstances influent sur la quantité de rosée, lesquelles, quoique bien plus simples pour une observation exacte que celles jusqu'ici rapportées, sont cependant beaucoup moins faciles à comprendre.

Dans mes premiers essais, pour déterminer les quantités de rosée formées pendant des temps différens, ou dans différentes situations, je m'attachai seulement à l'apparence qu'elle produit sur des corps ayant des surfaces polies. Mais, voyant bientôt que cette méthode était imparfaite, j'employai de la laine pour recueillir la rosée de l'atmosphère, et je la trouvai très-convenable à ce dessein, puisqu'elle reçoit promptement entre ses fibres l'humidité qui se forme sur elle, et retient ce qu'elle a reçu si exactement, que je n'eus jamais qu'une fois lieu de soupçonner qu'elle en eût laissé traverser une partie. La laine dont je me servais était blanche, assez fine, et déjà imbibée d'un peu d'humidité, après avoir été long-temps exposée à l'air d'une chambre sans feu : elle était partagée en petites touffes chacune du poids de 10 grains. Immédiatement avant l'exposition, les fibres de chaque paquet étaient tant soit peu tirées en tous sens, de manière à lui donner la forme d'une sphère aplatie, dont le plus grand diamètre était d'environ deux pouces. Comme je les préparais à vue d'œil, il doit y avoir eu quelques légères inégalités dans leurs dimensions; mais aucune, je pense, n'était suffisante pour affecter l'exactitude des conclusions que je tirais des expériences dans lesquelles ces touffes étaient employées, surtout parce que je ne concluais presque jamais d'une seule épreuve.

Avant de présenter les résultats d'aucune de mes expériences avec ces touffes de laine, je crois convenable de décrire l'endroit où j'ai fait la plus grande partie de mes observations : c'était un jardin à Surrey, éloigné de quatre milles environ, suivant le chemin public du pont sur la Tamise à Blackfriars; mais seulement à un mille et quart de la masse des bâtimens du faubourg, au sud de cette rivière. La forme du jardin était oblongue, son étendue presque d'un demi-acre (trois quarts d'arpent), et sa surface, unie à un bout, était une habitation de moyenne grandeur, et à l'autre se trouvait une rangée de constructions basses. Sur l'un des côtés il y avait une rangée d'arbres élevés, et de l'autre une haie basse qui le séparait d'un autre jardin. Sans la haie, le jardin aurait été absolument à découvert de ce côté. Dans l'intérieur, se trouvaient quelques arbres fruitiers encore petits, parce que le jardin était fait depuis peu de temps. Vers un des bouts, il y avait un gazon long de 62 pieds, et large de près de 16 pieds, dont l'herbe était tenue courte par un fauchage fréquent. Le reste du jardin était employé à la culture de plantes potagères. La somme de ces circonstances, toute frivoles qu'elles puissent paraître, a influé sur mes expériences, et plusieurs, comme on le verra ci-après, doivent m'avoir donné des résultats moins considérables qu'ils ne l'auraient été s'ils se fussent présentés dans une vaste plaine bien découverte, et à une distance considérable d'une grande cité.

Je procède maintenant à rapporter l'influence que plusieurs différences dans la situation, l'état mécanique et la nature réelle des corps exercent sur la production de la rosée.

I. Un principe général relatif à la situation est, que tout ce qui diminue l'aspect du ciel, à l'égard du corps exposé, fait que la quantité de rosée qui se forme sur lui est moindre qu'elle ne le serait s'il était bien à découvert.

Je plaçai durant plusieurs nuits claires et tranquilles, 10 grains de laine au milieu d'une planche peinte, longue de 4 ½ pieds, large de 2 pieds, et épaisse d'un pouce, élevée de 4 pieds au-dessus du gazon, au moyen de quatre appuis minces de bois d'égale hauteur; et en même temps, j'attachai d'une manière lâche 10 grains de laine au milieu de son côté inférieur. Ces deux touffes n'étaient donc éloignées que d'un pouce, et elles étaient également exposées à l'action de l'air. Une nuit, cependant, je trouvai que la touffe supérieure avait acquis 14 grains en poids, et l'inférieure seulement 4. Une seconde nuit, les quantités d'humidité absorbées par de semblables touffes de laine, placées comme dans la première expérience, étaient 19 et 6 grains; dans une troisième 11 et 2 grains; dans une quatrième 20 et 4; la plus petite augmentation étant celle de la laine attachée au-dessous de la table.

Je pliai une feuille de carton en forme de toit de maison, faisant l'angle de flexion de 90 degrés, et laissant les deux bouts ouverts. Je la plaçai un soir, le faîte en haut, sur le même gazon, dans la direction du vent, autant qu'on pouvait la reconnaître. Je mis 10 grains de laine au milieu de cette partie de l'herbe qui était recouverte par le toit, et une même quantité sur le gazon, entièrement exposée au ciel. Au matin, la laine abritée fut trouvée n'avoir augmenté en poids que de 2 grains; mais celle qui avait été bien découverte avait augmenté de 16 grains.

Dans ces expériences, l'aspect du ciel était presqu'entièrement intercepté pour les situations dans lesquelles il se formait peu de rosée. Dans d'autres, où il l'était moins, la quantité obtenue était plus grande. Ainsi, 10 grains de laine placés immédiatement sur le gazon, juste sous le milieu de la planche élevée et qui jouissait, par conséquent, d'un aspect oblique considérable du ciel, acquirent pendant une nuit 7 grains, pendant une seconde 9, et dans une troisième 12 grains d'humidité; tandis que les quantités acquises durant le même temps par des masses égales de laine placées sur une autre partie du gazon, bien exposées en plein air, étaient 10, 16 et 20 grains.

Comme aucune humidité, tombant de l'atmosphère à la manière de la pluie, ne pouvait, dans une nuit calme, avoir atteint la laine dans aucune des situations où il s'était formé peu de rosée, on peut supposer que les substances qui servaient d'abri empêchaient mécaniquement l'accès de ce fluide. Mais cette supposition n'expliquerait pas pourquoi on trouve toujours de la rosée dans les endroits les plus abrités, et pourquoi il s'en présentait une quantité considérable sur l'herbe au-dessous du milieu de la planche. L'expérience qui suit donne une preuve encore plus forte du manque de justesse de cette supposition : je plaçai debout sur le gazon un cylindre creux d'argile cuite, haut de 2 $\frac{1}{2}$ pieds et d'un pied de diamètre. Sur l'herbe entourée par le cylindre, je mis 10 grains de laine qui, dans cette situation, vu qu'il ne faisait pas le moindre vent, auraient reçu autant de pluie qu'une égale quantité de laine exposée en plein air; mais la quantité d'humidité obtenue par la laine entourée du cylindre n'était que d'un peu plus de 2 grains, tandis que celle obtenue par la laine bien exposée était de 16 grains. Cela arriva dans la nuit où la laine placée sous l'angle de carton ne gagna que 2 grains d'humidité.

Cependant, d'après diverses circonstances de situation, la rosée se formera en quantités fort différentes sur des substances de même nature, quoiqu'elles soient exposées de la même manière à l'égard du ciel.

D'abord, il est nécessaire, pour la plus abondante formation de la rosée, que la substance attirante soit posée sur un corps horizontal stable de quelque étendue. Ainsi, une nuit que 10 grains de laine placés sur la planche élevée augmentaient de 20 grains en poids, une quantité égale suspendue à 5 $\frac{1}{2}$ pieds au-dessus du sol n'augmentait que de 11 grains, quoique cette touffe présentât une plus grande surface à l'air que la précédente. Une autre nuit, 10 grains de laine acquirent 19 grains sur la planche élevée, tandis qu'une même quantité suspendue à son niveau n'acquit que 13 grains; et une troisième nuit, 10 grains de laine gagnèrent, sur la même planche, 2 $\frac{1}{2}$ grains, lorsque 10 grains suspendus pendant le même temps, à la même hauteur, ne gagnèrent qu'un demi-grain.

En second lieu, les quantités de rosée attirées par des masses égales de laine, semblablement exposées au ciel et posées sur des corps également stables et étendus, varient quelquefois considérablement, par suite d'une différence dans quelques-unes des autres particularités de ces corps. 10 grains de laine, par exemple, ayant été placés sur le gazon, un soir qu'il faisait de la rosée, 10 grains sur un chemin de gravier qui bordait le gazon, et 10 grains sur une couche de terreau découverte, attenante au chemin de gravier; au matin, la laine du gazon avait augmenté de 16 grains en poids; mais celle du chemin seulement de 9, et celle de la couche de 8 grains. Dans une autre nuit, tandis que 10 grains de laine mis sur l'herbe acquéraient 2 $\frac{1}{2}$ grains d'humidité, une même quantité n'en prit qu'un demi-grain sur la couche de terreau, et point du tout sur le gravier.

On fera probablement deux objections contre l'exactitude de ces expériences; l'une que la laine placée sur l'herbe peut, par une espèce d'attraction capillaire, prendre la rosée déposée précédemment sur l'herbe et l'ajouter à la sienne. A cela je réponds que de la laine placée dans une soucoupe de porcelaine sur l'herbe, acquiert à très-peu près autant de poids qu'une égale quantité qui touche immédiatement l'herbe. La seconde objection, c'est qu'une partie de l'augmentation de poids pourrait appartenir à sa propriété hygroscopique. Je ne nie point que la laine ait pris de cette manière quelqu'augmentation; mais je puis assurer que la quantité en doit être très-petite; car, dans les nuits fort nébuleuses, qui sembleraient bien convenables pour l'augmentation de poids des substances hygroscopiques, de la laine placée sur la planche élevée n'acquérait, dans le cours de plusieurs heures, que peu ou point de poids; et à Londres, je n'ai jamais observé que 10 grains de laine placés en dehors, sur la fenêtre de ma chambre, pendant une nuit entière, eussent augmenté de plus d'un demi-grain en poids. Lorsque cette augmentation eut lieu, le temps était clair et tranquille; s'il était couvert et venteux, la laine n'acquérait que peu ou point de poids. Cette fenêtre est située de façon qu'elle est privée, en grande partie, de l'aspect du ciel.

Ayant fait voir que la laine, quoique attirant la rosée

avec force, se trouvait, par le simple voisinage d'un chemin de gravier ou d'une couche de terreau (puisqu'il n'y en avait qu'une petite partie actuellement en contact avec ces corps), empêchée d'acquérir à beaucoup près autant de rosée qu'une égale quantité placée sur l'herbe en acquiert, on peut inférer, sans hésitation, qu'il s'en forme fort peu sur ces corps. Pour confirmer cette conclusion, j'ajouterai que je n'y ai jamais trouvé de rosée. Un autre fait de même nature est que, lorsque je retournais à Londres du lieu de mes expériences, vers le lever du soleil, je n'ai jamais observé, l'atmosphère étant claire, que la voie publique ou le pavé fussent mouillés de rosée, quoique l'herbe à quelques pieds de là, ainsi que les portes peintes et les fenêtres des maisons dans le voisinage, se trouvassent souvent très-humides; mais si c'était une matinée sombre, après une nuit claire et calme, les rues mêmes de Londres étaient quelquefois humides, quoiqu'elles eussent été sèches le jour précédent, et qu'il n'eût point tombé de pluie dans l'intervalle. Cette propriété répulsive entière ou presqu'entière de certaines situations pour la rosée, dépend néanmoins beaucoup plus des circonstances étrangères que de la nature des substances qui sont exposées; car lorsqu'on place sur la planche élevée ou sur l'herbe, du sable de rivière, qui est de même nature que le gravier, il attire abondamment l'humidité.

Une troisième différence, d'après la situation, dans la quantité de rosée amassée par des corps semblables, également exposés au ciel, dépend de leur position à l'égard de la terre. Ainsi soit une substance placée à plusieurs pieds au-dessus du sol, quoique dans cette situation elle s'humecte de rosée plus tard que si elle touchait la terre, néanmoins, si elle est posée sur un corps stable de quelqu'étendue, tel que notre planche élevée, elle acquerra plus de rosée durant une nuit bien calme, qu'une substance semblable posée sur l'herbe.

Une quatrième différence de cette nature se présente dans les corps posés à différens endroits sur la planche élevée; car celui que l'on place à son extrémité sous le vent acquiert, en général, plus de rosée qu'un corps semblable placé à l'extrémité exposée au vent.

II. Une différence dans l'état mécanique des corps, quoique toutes les autres circonstances soient égales, influe aussi sur la quantité de rosée qu'ils attirent. Ainsi, il se forme bien plus de rosée sur de la sciure de bois que sur un morceau entier de la même substance. C'est principalement pour la même raison, je crois, que j'ai trouvé que de la soie fine crue, du coton fin non travaillé, et du lin, attirent un peu plus de rosée que la laine que j'employais, et dont les fibres étaient plus grossières que celles des autres substances dont je viens de parler.

III. Les métaux brillans, par suite de quelque circonstance dans leur constitution, attirent la rosée beaucoup moins puissamment que les autres corps, qui, en général, après qu'on a fait les corrections nécessaires pour toute différence due à leur état mécanique, paraissent attirer la rosée en quantité peu variable, si ils sont également situés.

Musschenbroek fut le premier qui remarqua distinctement cette particularité des métaux; mais Dufay (1), je crois, la

(1) *Voyez* Mémoires de l'Académie Française, 1736.

publia avant lui, en rapportant en même temps la découverte à son véritable auteur. Cependant Musschenbrock et Dufay tirèrent des conséquences trop étendues de leurs expériences, puisqu'ils assurèrent que la rosée ne paraît jamais sur la surface supérieure des métaux brillans, tandis que, depuis, le contraire a été observé par plusieurs personnes, et j'ai moi-même reconnu que la rosée se forme sur l'or, l'argent, le cuivre, l'étain, le platine, le fer, l'acier, le zinc et le plomb. Toutefois, quand la rosée se dépose sur les métaux, ordinairement elle ne fait que ternir le lustre de leur surface, et même quand elle est assez abondante pour se rassembler en gouttes, elles sont presque toujours petites et distinctes. Deux autres faits du même genre sont : premièrement, que la rosée qui s'est formée sur un métal disparaît souvent, pendant que d'autres substances dans le voisinage restent humides; et secondement, qu'un métal qui a été mouillé à dessein se séchera souvent, quoique exposé comme des corps qui attirent la rosée. Cette inaptitude des métaux pour attirer la rosée se communique aux corps de nature différente, qui les touchent ou en sont voisins; car j'ai trouvé que de la laine mise sur un métal acquérait beaucoup moins de rosée qu'une égale quantité posée sur l'herbe, au voisinage immédiat.

Une large plaque métallique résiste plus puissamment à la formation de la rosée qu'une fort petite également exposée sur l'herbe. Je conclus de divers faits collatéraux, qu'une différence considérable entre l'épaisseur de deux morceaux de métal, présentant au ciel des surfaces égales, donnera le même résultat par-tout où on les mettra, quoique je n'aie aucune observation qui prouve cela directement. Si cependant un grand et un très-petit plateaux métalliques sont suspendus horizontalement à la même hauteur dans l'air, le petit résistera à la formation de la rosée plus puissamment que le grand.

Si un métal est attaché à une substance de quelqu'épaisseur, qui attire puissamment l'humidité, l'attraction du métal lui-même pour la rosée, au lieu d'être augmentée par cette circonstance, est diminuée, pourvu que le métal couvre bien toute la surface supérieure du corps inférieur. D'un autre côté, s'il n'y a qu'une portion de ce corps qui soit couverte, la formation de la rosée sur le métal est hâtée par cette réunion, et cela un peu en proportion de la grandeur de la surface du corps inférieur laissée découverte. La justesse de la première de ces observations est prouvée par l'expérience suivante. J'ai joint en forme de croix deux morceaux de bois fort légers, chacun de 4 pouces de longueur, de 4 lignes de largeur et d'une ligne d'épaisseur : sur un côté de cette croix, je collai un carré de papier doré, et je plaçai alors l'instrument à l'air, le côté métallique par-dessus, une nuit qu'il faisait de la rosée, et en le suspendant horizontalement à quelques pouces au-dessus du sol. Quelques heures après, les parties non collées du papier métallique étaient couvertes de petites gouttes de rosée, pendant que les autres étaient sèches.

Un large plateau métallique, mis sur l'herbe, fut recouvert de rosée plus difficilement sur sa surface supérieure, qu'un plateau semblable élevé de quelques pouces à l'aide d'appuis minces, qui permettaient à l'air de passer librement par-dessous. Mais à l'égard de petits morceaux de métal, c'est le contraire ; car j'ai souvent observé la gaîne métallique d'un petit thermomètre placé sur l'herbe, couverte de rosée, tandis que celle d'un autre thermomètre suspendu dans l'air restait sèche.

On facilita la précipitation de la rosée sur un morceau de métal, en le changeant, pendant la nuit, plusieurs fois de place sur le gazon. Le même effet fut produit sur des papiers dorés et argentés, en les exposant d'abord à l'air pendant quelque temps, le côté non métallique pardessus, et en les retournant ensuite.

Si on place sur la terre un morceau de verre recouvert d'un côté d'une surface de métal avec ce côté en-dessous, la surface supérieure attirera l'humidité précisément comme s'il n'y avait pas de métal à la surface inférieure.

Les surfaces supérieures de métal se recouvrent de rosée plus promptement et plus abondamment, dans ces nuits ou parties de la nuit pendant lesquelles les autres substances s'en recouvrent plus promptement et en plus grande abondance.

Si on met un plateau métallique sur l'herbe avant le commencement de la rosée, son côté inférieur, malgré cela, devient toujours humide dans le cours de la nuit: j'ai presque toujours observé le même effet lorsque le plateau était placé horizontalement dans l'air, à quelques pouces au-dessus de l'herbe. Pendant que les surfaces inférieures sont ainsi humides, celles supérieures sont fort souvent sèches. Cependant, quand le plateau était élevé de plusieurs pieds, l'état des deux surfaces, sec ou humide, était le même.

Les remarques faites jusqu'ici, sur le rapport des métaux avec la rosée, s'appliquent en général à cette classe de corps; mais il faut dire maintenant qu'ils ne résistent pas tous avec la même force à la formation de ce fluide.

J'ai vu, par exemple, une nuit le platine distinctement recouvert de rosée, pendant que l'or, l'argent, le cuivre et l'étain, quoique situés de même, fussent parfaitement secs; et j'ai aussi observé plusieurs fois que ces quatre métaux étaient bien privés de rosée pendant que le fer, l'acier, le zinc et le plomb en étaient recouverts.

Je supposai une fois, vu la difficulté avec laquelle les métaux se recouvrent de rosée, qu'ils pouvaient en toutes circonstances résister à la condensation de la vapeur aqueuse à leur surface avec une plus grande énergie que les autres corps, et ensuite j'ai trouvé que Leroi (1) assure que cela en est la raison. Mais ayant exposé en même temps, à de la vapeur d'eau chaude, des morceaux de verre et de métal, je ne vis point du tout que cette humidité se déposât plus vite sur le premier que sur le second. J'ai appris depuis que Saussure (2), qui avait eu la même idée, avait reconnu par l'expérience qu'elle était mal fondée.

Toutes mes expériences dont j'ai parlé jusqu'à présent ont été faites à la campagne. Mais Leroi ayant avancé que la rosée n'était jamais déposée par l'air des villes, je cherchai à reconnaître si son assertion était juste. Dans cette intention, j'exposai plusieurs fois, nuitamment, 10 grains de laine sur un léger châssis de bois, placé entre deux faîtes de toit de ma maison, qui est si-

(1) Mémoires de l'Académie Française, 1751.

(2) Hygrométrie, p. 329.

tuée dans un des quartiers les plus serrés de Londres, de manière qu'il était éloigné de trois pieds de la partie la plus voisine du toit. Le résultat fut que, pendant les nuits claires et calmes, la laine reçut toujours de la rosée, quoique jamais en quantité considérable; cela est dû, probablement, à ce que le châssis de bois était entouré de près par des bâtimens beaucoup plus élevés que lui, plutôt qu'à l'état particulier de l'air dans les villes. La formation de la rosée dans cette situation s'exécute beaucoup moins régulièrement que dans la campagne. Car un soir, 10 grains de laine reçurent chez moi 3 grains d'humidité en une heure et 18 minutes, quoique j'eusse à peine jamais observé l'acquisition d'une quantité plus grande par une égale touffe de laine mise à la même place et durant une nuit entière. Ces expériences paraîtront sans doute superflues à plusieurs personnes, puisque, dans toutes les belles soirées, on peut observer de la rosée sur l'herbe à Londres. Mais comme Leroi dit que la rosée de l'herbe vient de la terre et non de l'atmosphère, il élude ainsi l'argument tiré de sa production, dans certains cas, contre son assertion.

Le dernier sujet dont je parlerai ici est celui de la gelée blanche.

Depuis le temps d'Aristote (1), cette substance a, je crois, été uniformément considérée, et suivant mes remarques, avec raison, comme de la rosée gelée. C'est pourquoi je m'en rapporterai souvent, à l'avenir, aux expériences de feu M. Patrick Wilson de Glasgow, rela-

(1) *Meteor*,, lib. 1, c. x.

tives à elle, comme si elles venaient d'être faites sur ce fluide. A la vérité, plusieurs de mes expériences sur la rosée ne sont que des imitations de quelques-unes faites précédemment sur la gelée blanche par cet homme ingénieux et très-habile.

SECTION II.

Du Froid qui accompagne la formation de la Rosée.

Des écrivains populaires ont fréquemment parlé de la rosée comme étant froide. Ainsi Cicéron et Virgile lui donnent l'épithète de *gelidus*, Milton celle de *chill* (frileuse), et Collins celle de *cold* (froide). Il y a un passage du même sens dans Hérodote, où il est dit qu'en Egypte le crocodile passe une grande partie du jour sur la terre sèche, mais toute la nuit dans le Nil, qui est plus chaud que l'atmosphère et la *rosée*. Parmi les philosophes, cependant, M. Wilson est, je crois, le premier qui ait soupçonné l'existence d'une telle connexion.

Dans mes expériences sur la température des corps mouillés de rosée, je me servais de petits thermomètres (les plus longs n'avaient que 8 pouces); leurs réservoirs globuleux n'avaient, dans la plupart, que 2 à 2 $\frac{1}{2}$ lignes de diamètre ; leurs échelles, qui étaient dressées à la manière de Fahrenheit, étaient d'ivoir ou de bois, et presque toutes munies de pentures (*hinges*). Ils étaient toujours employés nus, excepté lorsque je les couvrais de certaines substances dont je voulais reconnaitre l'effet.

Au moyen de ces instrumens j'ai plusieurs fois, pendant des nuits sereines et tranquilles, examiné la température de l'herbe couverte de rosée, et je l'ai constamment trouvée plus basse que celle de l'air, par-tout de la distance d'un pouce à celle de 9 pieds ($2^m,73$) au-dessus de la terre ; cette dernière hauteur étant la plus grande à laquelle j'aie jamais observé la chaleur de l'atmosphère dans ces expériences ; mais en général j'ai comparé la température de l'herbe couverte de rosée avec celle de l'air à 4 pieds ($1^m, 21$) au-dessus de la terre ; et dans des nuits bien calmes et claires, j'ai souvent trouvé l'herbe, à l'endroit ordinaire de mes observations, 7, 8 ou 9 degrés ($3^o,8$ à 5° th. centig.) (1) plus froide que l'air ; plusieurs fois elle fut 10° ($5^o,5$ th. c.) et 11° ($6^o,11$) plus froide que l'air ; et une fois elle le fut de 12° ($6^o,66$). Ces différences ne sont pas aussi grandes, à la vérité, que celles rapportées dans l'ouvrage posthume de M. Six ; mais dans ses expériences, la température de l'herbe était comparée à celle de l'air, à 7 pieds au-dessus de la terre, hauteur à laquelle on peut regarder la température comme étant de $\frac{1}{2}$ degré plus élevée qu'elle ne l'est à 4 pieds ; outre cela, les différences les plus considérables rapportées par M. Six se présentaient en hiver : alors, dit-il, la rosée occasionne un degré de froid plus grand qu'en tout autre temps. Je n'ai fait que peu d'expériences sur la température de l'herbe pendant cette saison. Enfin mes expériences ont presque toujours été faites sur de l'herbe fort courte, tandis que les thermomètres de M. Six étaient placés sur de l'herbe longue recourbée vers la terre par

(1) Les degrés de chaleur notés entre deux parenthèses se rapportent à l'échelle du thermomètre centigrade.

une forte pression ; en cet état ils marquaient une température de 1°,2°,3° (0°,55—1°,1—1°,66 th. c.) plus basse que celle indiquée par de semblables thermomètres placés sur l'herbe, à moins d'un pouce de hauteur. Dans ces circonstances, si je n'avais pas rencontré d'obstacles au lieu ordinaire de mes opérations et sous différens rapports, outre la petitesse de l'herbe, pour la production d'un grand froid, je crois que, vu la supériorité de mes thermomètres sur ceux de M. Six, pour marquer un froid superficiel et passager, j'aurais aperçu quelquefois une différence de plusieurs degrés supérieure à la plus grande que ce gentilhomme ait jamais observée, et qui fut une fois de 13° $\frac{1}{2}$ (7°,47 th. c.). Pour confirmer cette opinion, je dirai qu'ayant exposé vers le soir, dans une courte visite que je fis à une campagne plus éloignée, un thermomètre sur la surface d'une prairie bien découverte, je le trouvai un moment après, quoique l'herbe fût courte et le temps chaud, de 14° (7°,75 th. c.) plus bas qu'un semblable thermomètre suspendu dans l'air à 4 pieds au-dessus de l'herbe. Si à cette quantité on ajoute $\frac{1}{2}$°(0°,27), pour compenser la différence d'élévation entre la hauteur de suspension de nos thermomètres, le froid qui accompagne la rosée, observé par moi cette nuit sur l'herbe, excédera de 1° (0°,55) le plus grand abaissement observé par M. Six.

Conformément à quelques-unes de mes observations, la froidure de l'herbe commence à paraître plus grande que celle de l'air, pendant un temps clair et calme, l'après-midi, dans les endroits abrités du soleil, et jouissant malgré cela d'un grand aspect du ciel, bientôt après que la chaleur de l'atmosphère a commencé à diminuer; une froidure semblable persiste sur l'herbe, dans les matinées tranquilles et sereines, pendant quelque temps après le lever du soleil, dans les endroits abrités de sa lumière directe, mais du reste bien exposés au ciel; mes expériences sous ce rapport n'ont pas été multipliées, et aucune ne fut faite en hiver; ce qui, je présume, est la raison pour laquelle je n'ai jamais observé de froid, dû à cette cause, plus tard, dans la matinée, qu'une heure après le lever du soleil. Cependant M. Wilson de Glasgow a une fois observé, dans le cœur de l'hiver, que la surface de la neige était beaucoup plus froide que l'air jusqu'à un peu après midi (1).

Pendant les nuits sombres, surtout s'il faisait du vent, l'herbe n'était jamais beaucoup plus froide que l'air. En de telles nuits leurs températures furent quelquefois la même; d'autres fois celle de l'herbe était plus élevée, quoiqu'elle fût encore mouillée de pluie, et que conséquemment elle dût être refroidie jusqu'à un certain point par l'évaporation. Durant l'une de ces nuits, l'herbe fut trouvée de 4° (2°,2 th. c.) plus froide que la terre, à un pouce au-dessous de la surface du sol, ce qui est une raison suffisante pour que l'herbe elle-même soit plus chaude que l'air. Toutefois, s'il faisait du vent, le ciel étant clair, on trouvait toujours l'herbe un peu plus froide que l'air; et dans un temps calme, les nuages étant fort haut, quoiqu'assez étendus et denses pour cacher complètement le ciel, on trouvait encore quelquefois la température de l'herbe plus basse que celle de l'air de plusieurs degrés. Une fois j'ai observé, pendant une nuit de

---

(1) Mémoire dans les *Transact. philos.*, 1781.

cette espèce, une différence de 5° (2°,75 th. c.) entre leurs températures.

Si la nuit devient sombre après avoir été bien claire, quoiqu'il n'y ait aucun changement à l'égard du calme, il s'ensuit toujours une altération considérable dans la température de l'herbe, et cela quelquefois presque subitement. Une telle nuit, l'herbe, après avoir été de 12° (6°,65) plus froide que l'air, s'échauffa au point de ne l'être plus que de 2° (1°,11 th. c.), la température de l'air étant demeurée la même pendant les deux observations. Une seconde nuit, l'herbe devint plus chaude de 9° (5°) dans l'espace d'une heure et demie. Une troisième nuit, en moins de 45 minutes, car le phénomène arriva pendant que j'avais fait une absence de 45 minutes, la température de l'herbe s'éleva de 15° (8°,30), tandis que celle de l'air voisin n'avait augmenté que de 3° ½ (1°,93). Durant une quatrième expérience, la température de l'herbe à 9 ½ heures sonnées était à 32° (0°,0); 20 minutes après, je la trouvai à 39° (3°,85 th. c.), le ciel s'étant couvert dans l'intervalle; encore 20 minutes après le ciel s'étant éclairci, la température de l'herbe était revenue à 32° (0°,0). Ces observations sont les plus remarquables que j'aie faites sur ce sujet; mais je puis ajouter que j'ai vu souvent, durant des nuits généralement claires, un thermomètre mis sur le gazon s'élever de plusieurs degrés au passage au zénith d'un nuage pendant quelques minutes; d'un autre côté, j'ai, dans deux nuits, observé un degré de froid fort considérable se manifester sur la terre, en plus que dans l'atmosphère, pendant de courts intervalles de clarté qui laissaient voir le ciel de temps en temps.

Je n'ai point parlé, dans la section précédente, d'un autre état obscur de l'atmosphère, attendu qu'étant occasionné par le brouillard, et que l'humidité alors déposée s'attache indistinctement à tous les corps, je ne pouvais déterminer, pour cette raison, s'il se forme ou non de la rosée pendant sa durée. Mais à l'égard de la connexion de cet état de l'atmosphère avec le froid, j'ai à remarquer que, plusieurs fois, à son apparition entre le point du jour et le lever du soleil, j'ai trouvé que la différence entre des thermomètres placés sur l'herbe et dans l'air diminuait beaucoup de ce qu'elle avait été pendant la nuit. Jamais, à la vérité, je ne l'ai vue disparaître ; mais j'ai attribué cela à ce que l'air n'était vraiment pas très-obscurci. Néanmoins, j'ai maintenant sujet de douter de la justesse de cette conclusion ; car, au soir du 1er janvier 1814, j'ai trouvé, durant un brouillard épais, le temps étant bien calme, un thermomètre mis sur l'herbe entièrement couvert de gelée blanche, 9° (5°,0) plus bas qu'un autre suspendu dans l'air à 4 pieds au-dessus. Dans la soirée suivante, l'air étant également calme, mais le brouillard assez atténué pour me permettre de voir que le ciel était presque tout couvert de nuages, la différence entre les deux thermomètres disposés comme ci-dessus, n'était que 1° (0°,55 th. c.). En comparant les observations de ces deux soirées, je conclus que, dans la première, il n'y avait que peu ou point de nuages au-dessus du brouillard, et conséquemment que le brouillard, s'il n'y a pas de nuages au-dessus de lui, peut, dans un air bien calme, admettre l'apparition d'un degré considérable de froid, nuitamment, sur la surface de la terre, en plus que celui de l'atmosphère. M. Six dit, à la vérité, en parlant des rapports du froid avec la rosée, dans son Mémoire imprimé dans les Transactions philosophiques pour 1788 : « Les brouillards, autant que je puis l'apercevoir, n'em- » pêchent point du tout le refroidissement ; ils l'aug- » mentent plutôt ». Mais c'est une erreur, venant très-probablement de ce qu'il attribuait l'effet d'une nuit claire à sa matinée pleine de brouillard ; car il n'examinait ses thermomètres qu'au jour. Il a ensuite reconnu son erreur, puisque, dans son ouvrage posthume, les brouillards épais sont rangés parmi les circonstances qui empêchent toujours un peu, et quelquefois complètement, que l'apparition du froid sur la surface de la terre ne soit plus grande que celle de l'atmosphère. Pendant un brouillard fort épais, M. Wilson n'a point trouvé de différence entre un thermomètre mis sur la neige, pendant la nuit, et un autre suspendu dans l'air (1).

Lorsque, durant une nuit claire et tranquille, on examine en même temps plusieurs thermomètres dans des situations différentes, on trouve toujours que ceux placés où il se forme le plus de rosée sont les plus froids. Ainsi, une nuit j'ai trouvé un thermomètre mis sur un peu de laine au milieu de la planche élevée, de 9° (5°,0) plus bas qu'un autre thermomètre en contact avec une égale quantité de laine attachée inférieurement au milieu de la planche. Pendant deux autres nuits, la différence entre ces deux thermomètres, aux mêmes endroits, fut de 8° (4°,40 th. c.). J'ai aussi trouvé, dans deux autres nuits sereines et calmes, une portion de gazon recouverte du toit de carton, et une autre renfermée par

---

(1) Edimb., *Trans. phil.*, 1, 170.

le cylindre de terre, toutes deux plus chaudes de 10° (5°,55 th. c.) que le gazon environnant bien exposé au ciel. Pensant qu'il serait possible que le cylindre, qui avait été exposé la veille au soleil, eût conservé de la chaleur dont il avait été pénétré, une autre nuit, je plaçai à côté un cylindre de carton mince; mais il fut également efficace pour empêcher le froid de parvenir sur le gazon. Lorsque l'exposition durait plus long-temps que dans les exemples précédens, et que, par conséquent, il y avait plus de rosée formée, le froid était aussi plus considérable, mais toujours moindre que là où l'exposition était sans obstacle. Par exemple, une nuit, où 10 grains de laine placés au milieu du gazon qui était abrité par la planche élevée, avaient gagné 7 grains, et la même quantité sur l'herbe bien exposée au ciel, avait gagné 10 grains, la différence entre les températures des deux portions de gazon n'était que de 2° $\frac{1}{2}$ (1°,37 th. c.).

On observe la même correspondance lorsque les différences dans la quantité de rosée ne dépendent pas, comme aux exemples précédens, d'une différence d'exposition au ciel. Ainsi, le mercure d'un thermomètre placé sur de la laine, sur la planche élevée, fut trouvé à 44° (+6°,65 th. c.), tandis que celui d'un autre suspendu dans l'air à la même distance de la terre et enveloppé de laine, était à 48° (8°,85 th. c.). La laine aussi était ordinairement un peu plus froide sur la planche élevée (1) que la même substance sur l'herbe, lorsque

(1) Le froid plus considérable sur la planche élevée, dans mes expériences, dépendait très-probablement de la petitesse de l'herbe, puisque M. Wilson a trouvé que la neige sur la

la nuit était bien tranquille; et le bout sous le vent de cette planche était, en général, plus froid que le bout au vent.

Mais les exemples de ce genre les plus remarquables se sont offerts sur le chemin de gravier et sur la couche de terreau découverte. Pendant les nuits tranquilles et sereines, les surfaces de ces corps étaient toujours plus chaudes que l'herbe environnante, et souvent plus chaudes que l'air. Une de ces nuits, j'observai, 2 $\frac{1}{2}$ heures après le coucher du soleil, la surface du chemin de gravier de 16° $\frac{1}{2}$ (9°,12 th. c.), et celle de la couche de terreau de 12° $\frac{1}{2}$ (6°,92 th. c.), plus chaudes que l'herbe qui était tout auprès et également exposée au ciel. A mesure que la nuit avançait, des nuages se formèrent et s'accumulèrent; en conséquence de quoi la différence, au lever du soleil, entre les températures de l'herbe et du chemin de gravier n'était plus que de 6° (3°,30), et entre celles de l'herbe et de la couche de terreau, de 4° (2°,20), dans cet intervalle, la température de l'herbe ayant augmenté considérablement, pendant que celle des autres corps avait un peu diminué. Une autre fois, un moment avant le lever du soleil, une matinée bien claire ayant succédé à une nuit sombre, je trouvai le chemin de gravier de 10° (5°,55), et la couche de 9° (5°,0) plus chauds que l'herbe voisine, qui

---

terre était plus froide que le même corps placé sur une planche élevée. Si on ajoute 1°, 2° ou 3° (0°,55 — 1°,1 — 1°,65 th. c.) au froid de l'herbe pour le lieu de mes observations, conformément à la différence trouvée par M. Six entre les températures de l'herbe longue et de l'herbe courte dans les nuits à rosée, le froid sur ma planche élevée, dans de semblables nuits, aurait toujours été moindre que celui du gazon.

était de 8° (4°,40) plus froide que l'air. Deux de ces exemples se sont présentés en été, et je crois que des différences aussi considérables ne doivent être observées que dans cette saison. Ce fut la première de ces deux nuits que 10 grains de laine ne gagnèrent qu'un demi-grain d'humidité sur le terreau, et que la même quantité ne gagna rien sur le gravier. Le sable de rivière fait voir que le peu de tendance du chemin de gravier pour se refroidir, de même que son peu d'attraction pour la rosée, proviennent de sa situation, et non de la nature de la substance dont il est composé : car le sable de rivière étant placé sur la planche élevée, fut, pendant quatre nuits, dont aucune n'était favorable à la production du froid, de 7° — 7° — 8° — et 8½ (3°,85 — 3°,85 — 4°,45 et 4°,71 th. c.) plus froid que l'air à la même hauteur.

On peut ajouter ici que j'ai toujours trouvé, dans les nuits à rosée, la température de la terre, à un demi-pouce ou un pouce en dessous de sa surface, beaucoup plus chaude que l'herbe supérieure. Dans cinq nuits semblables, les différences ont été de 12° à 16° (de 6°,65 à 8°,85 th. c.). La terre, à la profondeur sus-mentionnée, était aussi presque toujours plus chaude, dans les nuits à rosée, que l'air; quelquefois cela était très-considérable, car une nuit je l'ai trouvée plus chaude de 10° (5°,55); une autre de 9° (5°), et une troisième de 7° ½ (4°,12). Il se présenterait sans doute une exception si un temps bien doux succédait à un long froid; mais je n'en ai pas fait l'expérience.

Dans les expériences faites au sommet de ma maison à Londres, j'ai toujours trouvé, durant les nuits claires et calmes, la laine exposée sur le châssis de bois plus froide que l'air à la même hauteur; mais la différence était rarement de plus de 3° (1°,65). Un soir, cependant, que la rosée s'y formait plus abondamment que de coutume, la différence fut de 5° (2°,75). Je me suis assuré que la petitesse de ces différences n'était pas entièrement occasionnée par quelque chose de particulier à l'air des villes, car j'en ai trouvé de beaucoup plus grandes dans un jardin presqu'au milieu de Londres, d'où on voyait la majeure partie du ciel.

Les métaux fournissent également des preuves de la connexion de la rosée avec un froid, dans la substance sur laquelle elle se forme, supérieur à celui de l'atmosphère voisine. Cependant mes observations sur la température des métaux, quand ils sont exposés à l'air dans des nuits à rosée, ont été moins nombreuses que celles sur plusieurs autres sujets traités dans cet essai, par la raison que j'avais moins fréquemment l'occasion de les faire, et que je retrouvai inexactes plusieurs de celles que j'avais faites. Je crus, par exemple, pendant quelque temps que la température d'un métal, dans une nuit à rosée, pouvait s'aperçevoir aisément par la manière que j'avais coutume d'employer pour reconnaître la température de l'herbe couverte de rosée; mais une nuit, voyant de la rosée sur le tube de verre d'un thermomètre posé sur un métal mis sur l'herbe, pendant que le métal lui-même était bien sec, je regardai comme probable que la température indiquée par le thermomètre n'était pas la température réelle du corps sur lequel il était appliqué; pour en être certain, je plaçai sur le métal un second thermomètre couvert de papier doré, qui donna, dans trois observations, 6° $\frac{1}{2}$ — 7° — 7° (3°,57 — 3°,85

—3°,85) de plus que l'autre. Dans ce cas, la boule du thermomètre nu, à cause de sa petitesse, occupait nécessairement moins de surface que l'échelle à laquelle il était attaché, et conséquemment n'était pas en contact avec le métal; mais même lorsque la boule d'un thermomètre était appliquée immédiatement sur un métal, dans une nuit claire et calme, il marquait communément 2° et 3° (1°,11 et 1°,65), et quelquefois davantage, en moins qu'il n'était indiqué par un thermomètre semblable recouvert d'un papier doré et placé de même. J'ai trouvé également nécessaire, dans cette recherche, de corriger la température de l'air comme étant indiquée par un thermomètre nu. Car, dans des nuits tranquilles et sereines, un thermomètre renfermé dans une enveloppe de papier doré ou argenté, et suspendu dans l'air à 4 pieds du sol, était ordinairement observé à 1° ½ ou 2° (0°,82 ou 1°,11) plus haut qu'un thermomètre de la même construction découvert et suspendu à côté. J'observai une fois que la différence entre deux semblables thermomètres, ainsi placés, était de 2° ½ (1°,37), et une fois de 3° ½ (1°,92). On peut croire que ces différences ne sont peut-être occasionnées que parce que l'enveloppe métallique empêche la transmission de la température de l'air à l'instrument enfermé; mais je me suis assuré que ce n'est point là la raison, en observant que, pendant des nuits sombres, il n'y a pas de différence entre les deux thermomètres; que même, durant les nuits claires, un thermomètre contenu dans une enveloppe de papier blanc, un peu plus épaisse que le papier métallique, était toujours près de la même température qu'un thermomètre nu qui était suspendu auprès, et que quand il y avait une différence entre ces deux derniers, le thermomètre enveloppé de papier blanc était ordinairement plus bas que l'autre.

L'estimation de la chaleur de l'air et des métaux, dans les nuits à rosée, est sujette à erreurs pour d'autres raisons : cependant, comme elles sont peu importantes, je n'en parlerai pas, et je continuerai à établir les résultats de mes observations sur la température des métaux exposés nuitamment au ciel, quoique je ne puisse répondre de leur entière exactitude.

Des plaques de métal minces, brillantes, la plus petite ayant une surface de 25 pouces carrés, et quelques-unes plus de 100 pouces, furent plusieurs fois trouvées, étant mises sur l'herbe qui attirait la rosée, de 1°—2°—3° (0°,55 —1°,1—1°,65) plus chaudes que l'air à 4 pieds au-dessus. Une autre fois leur température était la même que celle de l'air ; dans deux de ces cas, leurs surfaces supérieures furent toujours exemptes de rosée ; par conséquent, les métaux ainsi situés étaient souvent beaucoup plus chauds que l'herbe qui les entourait. Je n'ai pas fait d'expériences sur ce point, pendant les nuits qui présentaient les plus grands exemples de froid sur l'herbe, relativement à la température de l'air ; néanmoins j'ai trouvé, une nuit, un métal sur l'herbe plus chaud de 10° (5°,55) que l'herbe environnante ; dans deux nuits, les différences furent 9° et 8° (5° et 4°,40). La supériorité de la chaleur des métaux posés sur l'herbe sur la chaleur de l'air, quand elle existe, participe évidemment de la température de l'herbe qu'ils recouvrent, et celle de l'herbe, de la température de la terre sous cette portion d'herbe ; car cette portion est toujours un peu plus chaude que le métal, mais moins que la terre.

D'un autre côté, les métaux sur lesquels la rosée se formait pendant qu'ils étaient sur l'herbe, furent toujours plus froids que l'air ; en sorte que si un métal, sur le gazon, se couvrait de rosée, pendant qu'un autre situé de même restait sec, le premier était toujours plus froid que le second.

Quand un métal sur le gazon se couvrait de rosée, l'herbe qu'il recouvrait était toujours plus froide que celle qui était sous un autre métal privé de rosée.

Pendant qu'un métal recevait de la rosée, en conséquence de son élévation dans l'air, il était toujours plus froid qu'un semblable métal qui restait exempt de rosée sur l'herbe.

Les plus grands exemples de froid que j'aie observés sur les métaux, se présentèrent dans les temps où les autres corps placés près d'eux étaient devenus considérablement plus froids que l'atmosphère.

Cependant le froid contracté par les métaux, dans leur exposition en plein air, pendant une nuit claire et tranquille, était toujours moindre que celui des autres corps semblablement situés. Le plus grand excès de froid que j'observai d'après cette cause, avec les plus grandes plaques métalliques, sur la température de l'air, n'allait pas à plus de 3° à 4° (1°,65 à 2°,20). Si des morceaux beaucoup plus petits étaient placés sur l'herbe, les résultats étaient différens ; car j'ai trouvé un petit thermomètre placé dans cette situation, et enveloppé d'une gaîne de papier doré, de 3° (1°,65) moins froid que l'herbe environnante, durant une nuit favorable à la production du froid sur la surface de la terre.

Je n'ai rassemblé que peu de faits relatifs aux températures comparatives de différens métaux, quand ils étaient exposés ensemble en plein air pendant des nuits à rosée; mais ceux que j'ai recueillis tendent à prouver que les métaux qui se recouvrent le plus promptement de rosée deviennent plus froids que l'air, plus promptement que ceux qui reçoivent la rosée avec moins de facilité.

Plusieurs des expériences citées dans cette section font voir que quand on examine en même temps des corps également exposés à l'air pendant la nuit, ceux qui ont le plus de rosée sont aussi les plus froids. Cette correspondance ne s'est point retrouvée, cependant, dans les expériences de différentes nuits, ou même de différentes parties de la même nuit. Ainsi, durant deux nuits où l'herbe était de 12° et de 14° (6°,65 — 7°75) plus froide que l'air, il y avait peu de rosée; tandis que dans une nuit plus abondante en rosée que je n'en eusse jamais vue, le froid de l'herbe en-dessous de celui de l'air était en général de 3° et 4° (1°,65 — 2°,20), et j'ai toujours vu moins de rosée vers le coucher du soleil que vers son lever, lorsque le temps était également calme et clair à ces deux époques, quoiqu'il y ait ordinairement, dans cette contrée au moins, une plus grande différence dans les températures de l'herbe et de l'air au soir qu'au matin. J'avais précédemment observé aussi que des corps exposés au ciel, dans une nuit sombre mais calme, étaient quelquefois de 2° à 3° (1°,1 à 1°,65) plus froids que l'air, sans avoir aucune apparence de rosée; et quand deux métaux, ayant différentes capacités pour la rosée, étaient exposés ensemble, j'ai vu que celui qui avait une attraction plus forte pour ce fluide était plus froid que l'autre, quoiqu'ils fussent secs tous deux.

Je terminerai cette première partie de mon essai en rapportant les résultats de quelques expériences faites dans le dessein de déterminer les tendances des différens corps à se refroidir pendant leur exposition nocturne au grand air. Malheureusement le temps n'était pas toujours favorable à mes vues; néanmoins ce que j'ai recueilli me paraît mériter d'être rapporté.

Dans les observations mentionnées jusqu'à présent sur la connexion du froid avec la rosée, j'ai principalement considéré la température de l'herbe, en partie parce qu'elle m'avait servi dans mes expériences, et en partie par un desir que je formai ensuite de comparer mes expériences à celles de M. Six, qui s'était borné à cette substance. Je la trouvai cependant fort insuffisante pour procurer les moyens de comparer les degrés de froid produits nuitamment à la surface de la terre en divers temps et lieux; car son état, dans différentes nuits, sur les mêmes parties du gazon où je travaillais ordinairement, et sur différentes parties du gazon dans les mêmes nuits, était souvent inégal par rapport à sa hauteur, à son épaisseur et à sa finesse, toutes circonstances qui influaient sur le degré de froid qu'elle produisait. J'observai, en conséquence, une bien plus grande uniformité dans les résultats d'expériences faites avec divers autres corps, dont l'état, quand ils étaient exposés à l'air, restait toujours le même. De ces corps, ceux qui produisaient le plus de froid étaient les filamenteux et les cotonneux, comme la laine de moyenne finesse, la soie crue bien fine, le coton non filé bien fin, le lin fin et le duvet de cygne, qui tous étaient non-seulement mieux refroidis que l'herbe dans les nuits claires et calmes, mais qui donnaient aussi naissance à un plus grand degré de froid qu'on ne l'eût presque jamais observé sur l'herbe, même dans son état le plus favorable. Parmi les corps de cette classe, la laine produisait le moins de froid, et j'ai dit ci-devant qu'elle attirait la rosée moins que la soie, le coton, et le lin. Ces derniers et le duvet de cygne ont été trouvés égaux ou à-peu-près dans leur tendance à se refroidir. Le duvet de cygne, néanmoins, offrit le plus grand froid, mieux et plus souvent qu'aucun des autres : pour cette raison, et parce qu'il était plus aisément disposé, car tel que je m'en servais, il était encore attaché à la peau de l'oiseau, je n'ai presque plus employé d'autres corps de la même classe. La nuit où l'herbe se trouvait de 14° (7°,75) plus froide que l'air, le duvet, mis à côté sur l'herbe, était encore un degré plus bas. Cette différence de 15° (8°,30) entre les températures, durant la nuit, d'un corps sur la surface de la terre, et celle de l'air à quelques pieds au-dessus de la terre, est la plus grande que j'aie observée.

La paille fraîche et entière et les rognures de papier blanc, quoique ne pouvant être mises, à proprement parler, parmi les substances filamenteuses, furent aussi reconnues comme produisant un peu plus de froid que la laine que j'avais employée.

La classe suivante consistait en corps à l'état de poudre plus ou moins fine. C'était le sable blanc de rivière, le verre, la craie, le charbon de bois, le noir de fumée et l'oxide brun de fer. La craie produisait le moins d'effet, et les trois dernières substances indiquaient le plus grand froid. Néanmoins elles étaient toutes inférieures, à cet égard, aux corps de la première classe.

Des corps solides ayant une surface exposée au ciel, de 25 pouces carrés au moins, formèrent une troisième classe, sur laquelle les mêmes expériences ont été faites. Les substances particulières à ce cas qui ont été essayées, sont le verre, la brique, le liége, le bois de chêne et la cire. Toutes furent également trouvées inférieures aux substances filamenteuses. De ces dernières expériences il résulte que quand une boule de verre de thermomètre est appliquée la nuit sur un corps exposé à un ciel clair, la température indiquée ne sera pas exactement celle du corps en question, à moins que sa disposition à se refroidir dans une telle situation ne soit la même que celle du verre. Un exemple de ce fait est rapporté à la page 40 de cet essai.

Cependant, mes principales expériences de ce genre ont été faites avec la neige.

Le 25 janvier 1813, la terre étant alors couverte d'un pouce de neige environ, j'allai à la campagne au lieu ordinaire de mes expériences, mais pendant 8 heures que je considérai mes thermomètres, le ciel n'a pas cessé d'être caché entièrement par des nuages. L'atmosphère était pour la plus grande partie bien tranquille, et un thermomètre sur la neige s'arrêtait généralement 2° (1°,10) plus bas qu'un autre dans l'air. Cette différence n'était pas due à l'évaporation ; cela est prouvé par le thermomètre sur la neige s'élevant toujours d'un demi à un degré (de 0°,27 à 0°,55) toutes les fois que l'air était un peu agité, et baissant de la même quantité aussitôt qu'une grande tranquillité survenait.

Je n'eus point l'occasion de renouveler mes observations sur la neige avant le commencement de cette année 1814. L'état de ma santé ne me permettant point d'éprouver beaucoup de fatigues et de rester long-temps à l'air, pendant la nuit, je me restreignis à faire quelques expériences dans le grand jardin de *Lincoln's-Inn Fields.* J'y allai, pour la première fois, le soir du 4 janvier, comme il venait de tomber beaucoup de neige, desirant commencer mes observations avant que sa surface n'eût éprouvé de refroidissement par son exposition au ciel. J'avais encore un autre motif; car M. Kirwan, en opposition directe à des faits incontestables, très-clairement établis par M. Wilson, avait dit que le grand froid observé par ce gentilhomme sur la neige venait de ce que cette substance avait retenu la température de la haute région d'où elle était tombée (1). Le résultat de ma recherche fut que la surface de la neige et de l'air à 4 pieds au-dessus, avaient précisément la même température. L'épaisseur de la neige était de 4 pouces.

Ma seconde expérience se fit le soir du 6, parce qu'il avait neigé la veille. Le ciel était clair, mais l'air fort agité. La chaleur de l'atmosphère, à la hauteur de 4 pieds, était, à 9 ½ heures, de 26° (—3°,30); tandis que celle de la surface de la neige et celle du duvet mis dessus, étaient à 22° (—5°,55). L'épaisseur de la neige se trouvait alors d'environ 5 pouces.

Le 7, un peu après le coucher du soleil, la chaleur de l'air dans le jardin était de 23° (— 5°,0), celle de la

---

(1) Ou températures, p. 30.

surface de la neige de 19° (—7°,20), mais celle du duvet mis sur la neige, seulement de 15° (—9°,45). Il régnait alors une petite brise; quelques parties du ciel étaient couvertes de nuages, et l'atmosphère inférieure était un peu obscure. Pendant que la surface exposée de la neige était à 19° (—7°,20), une partie de la surface qui avait été couverte d'un morceau de carton pendant 20 minutes, était à 22° (—5°,55). L'herbe dessous la neige était à 31° (—0°,55), et la terre, à un pouce en-dessous de l'herbe, était à 32° (0°).

Après cela il n'y eut plus de temps propre aux expériences jusqu'au 13. Ce jour, j'exposai les thermomètres à 8 heures du soir, le ciel étant alors sans nuages; mais les étoiles n'étaient pas brillantes, et il y avait un mouvement sensible dans l'air. A 8 ½ heures, la température de l'air était à 22° ½ (—5°,27), celle de la surface de la neige à 13° (—10°,55), et celle du duvet sur la neige à 8° (—13°,30). A 9 heures l'air était à 23° ½ (—4°,72), la neige à 17° (—8°,30), et le duvet à 15° (—9°,45). Le ciel étant alors couvert, en grande partie, de légers nuages élevés, mes expériences cessèrent. A 10 ½ heures le ciel était bien brillant et l'atmosphère bien calme; mais il ne convenait pas de renouveler mes observations. Si je les eusse répétées alors, j'aurais probablement trouvé une différence entre les températures du duvet et de l'air, de plusieurs degrés plus considérable qu'une de 14° ½ (8°,02) qui s'était déjà présentée le soir, et conséquemment plus forte que les plus grandes que M. Wilson ait observées entre les températures de la neige et de l'atmosphère, et dont l'une était de 16° (8°,85).

La plus prochaine soirée favorable fut celle du 21. Beaucoup de neige ayant tombé dans l'intervalle, il y en avait une couche de plus d'un pied d'épaisseur. Les thermomètres furent observés cinq fois entre 4 heures 15' et 4 heures 55'. Quatre fois le duvet donna 13° (7°,20), et une fois 13° $\frac{1}{2}$ (7°,47) moins que l'air, dont la température, dans les 4 premières observations, était de 26° (—3°,30), et dans la dernière de 25° $\frac{1}{2}$ (—3°,57). La température de la surface de la neige, pendant toute la durée des observations, fut de 17° (—8°,30), et conséquemment 4 fois 4° (2°,20) et une fois 5° (2°,75), moins froide que celle du duvet. L'atmosphère était à-la-fois sans nuages et presque calme ; mais il y avait un fort brouillard.

Avant de pouvoir trouver une autre soirée favorable aux expériences, ma santé s'affaiblit à tel point que je fus obligé de les cesser. Je terminerai donc ce détail par deux remarques. 1°. Si M. Wilson avait eu l'habitude d'examiner la température du duvet ou d'une autre substance analogue placée sur la neige, il aurait observé un froid, à la surface de la terre, excédant celui de l'atmosphère de 20° (11°,10) ou plus, dans cette nuit où il observa un excès de 16° (8°,85). 2°. Puisqu'un soir que l'atmosphère n'était ni bien claire ni bien tranquille, j'ai trouvé une différence de 14° $\frac{1}{2}$ (8°,02) entre les températures de l'air et du duvet, laquelle n'est que d'un demi-degré (0°,27) moindre que la plus grande différence que j'aie jamais observée entre les mêmes corps dans les nuits d'été les plus claires et les plus tranquilles, il s'ensuit une confirmation de la conclusion que M. Six a tirée de ses expériences, ce qu'on peut faire aussi de celles de M. Wilson, que les plus grandes différences par nuit, quant à la chaleur entre la surface de la terre et l'atmosphère qui est auprès, sont celles qui surviennent dans les temps les plus froids.

DEUXIÈME PARTIE.

De la Théorie de la Rosée.

La rosée, selon Aristote (1), est une espèce de pluie formée dans les régions basses de l'atmosphère, en conséquence de la condensation de son humidité en petites gouttes, qui tombent ensuite sur la terre, à cause du froid de la nuit. Des opinions analogues concernant la cause de la rosée sont encore celles de plusieurs personnes, parmi lesquelles on distingue l'ingénieux M. Leslie d'Edimbourg (2). Cependant, un fait remarqué par Gersten, qui publia son Traité sur la Rosée en 1733, prouve qu'ils sont dans l'erreur; car il a trouvé que des corps un peu élevés dans l'air se mouillaient de rosée, tandis que des corps semblables mis sur la terre restaient secs, quoique, par leur position, ils fussent nécessairement aussi exposés que les précédens à être mouillés par ce qui pouvait tomber du ciel.

Bientôt après que le traité de Gersten eut paru, Musschenbroek fit la remarque déjà mentionnée dans cet essai, que les métaux sont exempts de rosée quand d'autres corps l'attirent abondamment.

Ce philosophe se contenta de publier sa découverte; mais son ami Dufay en conclut que la rosée est un phénomène électrique, puisqu'elle laisse intact les corps

---

(1) *Meteor.*, l. 1, c. x; et *de Mundo*, c. III.

(2) *Relations of heat and Moisture*, p. 37, *and* 132.

qui conduisent l'électricité, pendant qu'elle se manifeste sur ceux qui ne peuvent transmettre cette influence. Néanmoins, si la rosée ne se formait que sur les derniers, sa quantité ne devrait jamais être assez grande pour se laisser apercevoir distinctement; car aussitôt que les non-conducteurs deviennent tant soit peu humides, ils sont changés en conducteurs. Le charbon de bois aussi, on le sait à présent, quoique le meilleur conducteur de l'électricité après les métaux, attire puissamment la rosée ; et enfin, contre l'assertion de Dufay, la rosée se forme fréquemment sur les métaux mêmes.

D'autres auteurs ont attribué la production de la rosée à l'électricité, pour des raisons différentes de celles de Dufay. Mais il y a plusieurs considérations qui me paraissent prouver qu'une telle opinion ne peut être juste. 1°. Quand la rosée est produite dans une atmosphère claire, la portion d'air par laquelle elle est déposée doit nécessairement être incapable, en ce moment, de retenir à l'état de vapeur transparente toute l'humidité qu'elle contenait immédiatement auparavant sous cette forme. De plus, je ne connais aucune expérience qui fasse voir que l'air, en devenant électrisé positivement, état que, dit-on, il prend les soirs où la rosée est le plus abondante, soit rendu moins capable qu'auparavant de contenir de la vapeur aqueuse à l'état transparent. 2°. Des corps, dans des circonstances semblables, autant qu'il importe pour l'électricité, acquièrent des quantités de rosée bien différentes. De la laine sur la planche élevée, par exemple, attirait beaucoup plus de rosée que celle attachée à sa surface inférieure, et même plus que celle qui était suspendue dans l'air. 3°. La rosée se forme dans différentes parties de la nuit, en quantités qui ne sont nullement proportionnelles aux degrés d'électricité qu'on trouve dans l'atmosphère aux mêmes époques. Ainsi, elle est ordinairement plus abondante le matin que le soir, quoiqu'on observe que l'air, dans ce dernier cas, est plus électrique que dans le premier. 4°. Dans plusieurs nuits, j'ai tenu une bouteille de verre sur laquelle la rosée se formait, près de la pointe de l'électromètre de Bennett, qui avait été placé d'abord dans un endroit sec; mais je n'ai jamais vu que cela fît mouvoir les morceaux de feuilles d'or. Il est bien probable, cependant, que des expériences plus délicates feraient connaître que des phénomènes électriques accompagnent la production de la rosée; peut-être sont-ils mis en jeu à chaque changement dans les formes des corps. Les faits qui ont été déterminés paraissent suffisans pour établir que toute apparence analogue qui pourra être observée par la suite pendant la formation de la rosée, doit être considérée comme l'effet et non comme la cause de la conversion de la vapeur aqueuse d'une atmosphère claire en un liquide.

Il reste un argument qui s'applique également à toutes les théories publiées jusqu'à présent sur la cause de la rosée; c'est qu'aucune n'embrasse le fait remarquable que sa production est accompagnée de froid : or, une explication d'un phénomène naturel ne peut être bien fondée quand elle n'est appuyée que sur une connaissance imparfaite de ses circonstances. Il paraîtra étrange, peut-être, que ni M. Wilson ni M. Six n'aient pas appliqué ce fait au perfectionnement de la théorie de la rosée. Mais, d'après leur manière de voir le sujet, ils ne pouvaient en faire un semblable usage, puisqu'ils regardaient la formation de ce fluide comme étant la cause du froid qu'on observe en même temps. J'avais eu long-temps la même opinion, comme il est dit ci-devant; mais, après avoir commencé le cours régulier de mes expériences, je vis bientôt que j'avais sujet de douter de son exactitude, lorsque je trouvais que des corps devenaient quelquefois plus froids que l'air sans se couvrir de rosée, et que, quand ils recevaient de la rosée, si on les comparait à différentes reprises, sa quantité, et le degré de froid qui paraissait en même temps, étaient bien loin d'être toujours dans la même proportion l'un à l'égard de l'autre. La fréquente répétition de telles observations convertit peu à peu le doute de la justesse de mon ancienne opinion en une conviction de son erreur, et en même temps m'engagea à conclure que la rosée est due à la production d'un froid préalable dans les substances sur lesquelles elle paraît. Néanmoins, desirant acquérir des preuves plus frappantes de la validité de ces inductions que celles qui s'étaient présentées à moi par une observation accidentelle, pendant que je suivais d'autres parties de mon sujet, j'établis les expériences qui vont être rapportées.

J'avais souvent remarqué de bonne heure, dans la soirée, un degré de froid considérable sur des substances exposées, en temps calme, à un ciel clair, et j'avais aussi vu quelquefois de bonne heure, dans la soirée, la planche élevée entièrement sèche, tandis que l'herbe était fort humide. Je me déterminai, en conséquence, à faire les expériences que j'avais en vue sur la planche élevée, et de les commencer aussitôt que le soleil en aurait disparu. Le premier jour que j'allai à la campagne dans ce dessein, le 19 août 1813, presque toutes les circonstances y étaient favorables : il n'avait pas plu depuis trois semaines; le vent était au nord et le baromètre montait : toutes choses qui indiquent qu'il y a peu d'humidité dans l'atmosphère; l'air aussi était extrêmement tranquille. La seule circonstance contraire, quoique extrêmement peu défavorable, c'est que le ciel n'était pas tout-à-fait exempt de nuages; mais ils étaient en petit nombre, de peu d'étendue, clairs et élevés.

A 6 heures 25 minutes, immédiatement après que le soleil eût cessé de luire sur le lieu où je devais faire mes expériences, quoique le moment de son coucher fût encore éloigné de 47 minutes, je plaçai sur la planche élevée 10 grains de laine et un petit sac fait de la peau de la poitrine d'un cigne munie de son duvet, rempli de laine, le tout pesant près de 5 drachmes. On mit sur chacune de ces substances la boule nue d'un thermomètre petit et délicat; un semblable thermomètre, la boule nue aussi, fut suspendu dans l'air au-dessus du gazon, au niveau de la planche. Deux thermomètres furent placés en d'autres situations, comme on le verra dans le tableau ci-annexé. Après une exposition de 20 minutes, la laine était de 7° (3°,85) plus froide que l'air; mais le sac de duvet de cigne ne l'était que de 6° (3°,30), sans doute à cause de sa grande quantité comparative de matière; cependant ni l'un ni l'autre n'avaient acquis le moindre poids, selon mes balances, qui étaient sensibles à $\frac{1}{16}$ de grain. Ces observations furent répétées plusieurs fois pendant l'heure suivante, comme on le verra par le tableau : dans aucune, excepté la dernière, on n'a trouvé que la laine ou le duvet eussent acquis la moindre augmentation de poids sur la planche. Dans la dernière observation, la laine, quoique 9° ½ (5°,27) plus froide que l'air, n'avait pas éprouvé d'augmentation de poids; mais le duvet, qui était 1° (0°,55) plus froid que la laine, avait gagné un demi-grain. Alors mes expériences étaient finies à proprement parler; mais ayant laissé les thermomètres sur la laine, sur le duvet et dans l'air à leurs places, je les examinai encore 2 heures 20 minutes après qu'ils y eurent été placés. La laine, qui était toujours 9° ½ (5°,27) plus froide que l'air, avait gagné un peu moins d'un demi-grain; et le duvet, qui était alors 11° ½ (6°,37) plus froid que l'air, avait gagné 2 grains, compris le ½ grain déjà mentionné. Quand ces dernières observations furent faites, le ciel était entièrement couvert de nuages et l'air bien calme.

TABLEAU

Des observations faites le soir du 19 août 1813.

	6 h. 45 m.	7 heures.	7 h. 20 m.	7 h. 40 m.	8 h. 45 m.
Chaleur de l'air à quatre pieds au-dessus de l'herbe.	60°,5 (15°,82)	60°,5 (15°,82)	59° (15°,0)	58° (14°,45)	54° (12°,20)
— de la laine sur la planche élevée.	53°,5 (11°,92)	54°,5 (12°,47)	51°,5 (10°,82)	48°,5 (9°,12)	44°,5 (6°,92)
— du duvet, même position.	54°,5 (12°47)	53° (11°,65)	51° (10°,55)	47°,5 (8°,57)	42°,5 (5°,82)
— de la surface de la planche élevée.	58° (14°,45)	57° (13°,85)	55°,5 (13°,02)		
— du gazon (1)	53° (11°,65)	51° (10°,55)	49°,5 (9°,72)	49° (9°,45)	42° (5°,55)

(1) Dans ces expériences, au contraire de ce qui arrive ordinairement, l'herbe était presque constamment plus froide que les substances filamenteuses, quoiqu'elles fussent placées sur la planche élevée.

Des expériences semblables, faites dans le même lieu, pendant les soirées du 25 août et du 17 septembre, donnèrent des résultats aussi ressemblans, mais moins considérables; la plus grande différence entre la température de la laine ou du duvet, tant qu'ils étaient sans augmentation de poids, et celle de l'air, ayant été, la première de ces soirées, seulement de 4° (2°,20), et la seconde seulement de 5° (2°,75). Les raisons en étaient en grande partie, sinon en totalité, qu'une étendue considérable du ciel était couverte de nuages, et que l'air était communément dans cet état d'agitation qu'on nomme petite brise (*gentle breeze*).

Le soir de mes premières expériences, j'avais oublié de mesurer la température de la planche élevée avant de placer les thermomètres dessus; cette précaution fut prise les deux soirées suivantes, dans la première desquelles sa surface supérieure, au commencement de l'expérience, fut trouvée 4° (2°,20) plus chaude que l'air; et dans la seconde, elle avait la même température que l'air. De plus, durant la première des dernières soirées, 10 grains de laine à laquelle on avait ajouté 3 grains d'eau, ayant été mis sur la planche élevée près des thermomètres, au bout de 45 minutes la touffe fut trouvée avoir perdu 2 ½ grains par l'évaporation, pendant le temps que la laine sèche était devenue plus froide que l'air de plusieurs degrés.

Je fis une quatrième expérience de cette nature le 7 janvier dernier, dans le jardin de *Lincoln's-Inn Fields*, en plaçant 10 grains de laine sur une feuille de carton qui était posée sur la neige. Au bout de 35 minutes la laine était de 5° (2°,75) plus froide que l'air, sans posséder aucun poids additionnel.

Ayant ainsi confirmé la justesse de ma précédente conclusion, que le froid observé avec la rosée est la circonstance essentielle, et par conséquent que la formation de ce fluide a précisément la même cause immédiate que l'apparition de l'humidité sur les parois extérieures d'un vase de verre ou de métal, quand on vient d'y verser un liquide beaucoup plus froid que l'air, je me servirai par la suite de ce fait pour l'explication de plusieurs phénomènes naturels.

I. On voit maintenant que la variété, dans les quantités de rosée qu'on trouve sur différens corps exposés à l'air en même temps, pendant la nuit, mais en différentes situations, est due à la diversité de température qui existait entre ces corps.

II. Conformément à l'opinion de M. Wilson et de M. Six, le froid qui accompagne la rosée doit toujours être proportionnel à la quantité de ce fluide, ce qui est contradictoire avec l'expérience. Mais si on accorde que la rosée est de l'eau précipitée de l'atmosphère par le froid du corps sur lequel elle paraît, le même degré de froid dans le corps précipitant peut être accompagné de beaucoup, de peu, ou même de point du tout de rosée, selon l'état actuel de l'air à l'égard de l'humidité et de toutes les circonstances qui existent en même temps.

III. La formation de la rosée, à la vérité, non-seulement ne produit pas de froid, mais, de même que tout autre précipitation d'eau de l'atmosphère, elle produit de la chaleur : j'infère cela en partie de ce qu'il parut fort peu de rosée les deux nuits du plus grand froid que j'aie jamais observé à la surface de la terre, relativement à la température de l'air, deux nuits qui avaient succédé à une longue sécheresse; et en partie de ce que la nuit la plus abondante en rosée que j'aie vue était accompagnée, durant la majeure partie de sa durée, d'un degré de froid peu considérable. Cette nuit, la différence entre les températures de l'herbe et de l'air était d'abord de 7° ½ (4°,12), la rosée étant alors fort peu abondante; mais lorsqu'elle le fut devenue, la différence de ces températures n'excédait jamais 4° (2°,20), et souvent n'était que de 3° (1°,65).

Afin d'obtenir, quoiqu'indirectement, quelque connaissance de la quantité de froid que la formation de la rosée avait empêché de se manifester à la surface de la terre, dans cette nuit dont je viens de parler, je fis l'expérience suivante : à 10 grains de laine, ayant la même forme et la même étendue que les touffes employées pour la collection de ce fluide, j'ajoutai 21 grains d'eau, quantité égale à celle que 10 grains de laine mis sur l'herbe cette nuit avaient attirée dans l'espace de 8 heures. La laine mouillée ayant été alors placée dans une soucoupe de porcelaine, sur un lit de plume, dans une chambre dont la porte et les fenêtres étaient fermées, sa température, durant les 8 heures suivantes, examinée plusieurs fois, fut trouvée uniformément de 4° (2°,20) moindre que celle d'une soucoupe sèche sur le même lit; la température de l'air dans la chambre n'ayant pas changé de plus d'un demi-degré dans le cours de l'expérience, à la fin de l'expérience la laine retenait encore 2½ grains d'humidité. Si cette quantité eût aussi été évaporée, le froid uniformément produit pendant les 8 heures, aurait été très-probablement de 4° ½ (2,47). Mais comme la production de la rosée, durant quelques parties de la nuit, était en raison plus grande que 21 grains pour 8 heures, on doit ajouter 1° ou 2° (0°,55,1°,10) pour ces temps, qui augmenteront l'effet de la rosée en diminuant l'apparition du froid pendant leur durée, à environ 6° (3°,30), sur la supposition, qui ne peut être éloignée de la vérité, que la rosée a été attirée aussi abondamment par l'herbe que par la laine qui était placée dessus.

La différence entre les températures de l'herbe et de l'air observée moindre dans les matinées que celle qui se présente le soir, doit être également attribuée, en partie, à la plus grande quantité de rosée qui paraît à la première époque qu'à la seconde.

Un fait plus remarquable, tirant une explication de la même source, c'est la différence qui survient dans un temps fort froid, le ciel étant clair et calme, entre les températures, pendant la nuit, de l'air et des corps placés à terre; cette différence est plus grande que dans un temps également calme et clair, mais en été; puisque, en conséquence des rapports bien connus de l'atmosphère avec l'humidité dans un temps fort froid, toute diminution de la température d'une portion d'air en contact avec un corps froid sera accompagnée d'une précipitation d'eau beaucoup moindre qu'une égale diminution ne le serait en été, en supposant que l'air, avant son contact avec le corps froid, fût, dans les deux cas, également près de son point de réplétion.

IV. Dans des nuit bien calmes, une portion d'air qui vient en contact avec de l'herbe froide, la surface étant unie, ne la quittera pas immédiatement, vu que cet air est devenu spécifiquement plus lourd que l'air supérieur par une diminution de sa chaleur; mais il s'avancera horizontalement, et sera appliqué successivement aux différentes parties de la même surface. Ainsi, l'air qui suit cette marche doit à la longue ne plus avoir d'humidité précipitable, à moins que le froid de l'herbe qu'il touche ne vienne à augmenter. Par là, on explique en grande partie la raison qui fait que, pendant des nuits telles que nous venons d'en citer, les substances placées sur la planche élevée acquièrent plus de rosée que d'autres de même nature placées sur l'herbe, quoiqu'elle commence à se former beaucoup plus tôt dans la seconde situation que dans la première, celles sur la planche élevée ayant reçu de l'air qui avait préalablement perdu moins de son humidité.

Nous voyons aussi maintenant une raison pourquoi une légère agitation de l'atmosphère, quand elle est bien chargée d'humidité, augmente la quantité de rosée, puisque de nouvelles parties d'air sont amenées plus fréquemment en contact avec la surface froide de la terre, que si l'atmosphère était entièrement calme.

V. La rosée, conformément à la cause immédiate que j'ai assignée pour sa production, ne peut jamais se former, dans les climats tempérés, sur les parties nues d'un corps humain vivant et sain, puisque leur chaleur n'est jamais moindre pendant la nuit, dans de tels climats, que celle de l'air. Au fait, je n'ai jamais aperçu de rosée sur aucune partie de mon corps, quoique mon attention se fût beaucoup occupée, pendant les trois dernières années, de tout ce qui était relatif à ce fluide, et que j'eusse été, pendant cette période, beaucoup exposé nuitamment en plein air. D'un autre côté, dans les contrées fort chaudes, les parties découvertes d'un corps humain peuvent quelquefois, en raison de leur froidure plus grande que celle de l'air, condenser de la vapeur aqueuse de l'atmosphère, et, par là, se couvrir de rosée réelle, même pendant le jour.

VI. Quand on expose nuitamment des hygromètres composés de substances animales et végétales à un ciel clair, ils deviennent plus froids que l'atmosphère; et ainsi, en attirant de la rosée, ou, conformément à une observation de Saussure (1), en refroidissant simplement l'air qui leur est immédiatement contigu, ils marquent un degré d'humidité plus considérable que celui qui existe actuellement dans l'atmosphère. Cela sert à expliquer une observation faite par M. de Luc (2), que dans un temps serein et calme, l'humidité de l'air, telle qu'elle est déterminée par un hygromètre, augmente vers et après le coucher du soleil avec une rapidité plus grande qu'on ne peut l'attribuer à une diminution de la chaleur générale de l'atmosphère.

Ces exemples suffisent pour démontrer l'importance du fait, que les corps deviennent plus froids que l'atmosphère avant de se couvrir de rosée, et pour expliquer plusieurs phénomènes atmosphériques. Sous ce point de vue, la recherche de la cause de la rosée aurait pu être faite en tout temps, depuis l'invention des thermomètres, sans autre secours accessoire; mais, selon moi, on n'aurait peut-être point pu en donner une théorie complète

---

(1) Hygrométrie, p. 25.

(2) Introduction à la Physique terrestre, t. II, p. 491.

avant les découvertes sur la chaleur que MM. Leslie et le comte de Rumford ont fait connaître dans leurs ouvrages.

Les expériences les plus ordinaires sur la communication de la chaleur entre les corps en plein air, se bornent à ce qui arrive durant le jour. A cette époque, les corps placés près d'un autre se trouvent toujours avoir la même température, à moins qu'il n'existe quelque raison bien évidente pour que le contraire ait lieu. Ainsi, il paraîtra sans doute étrange à plusieurs personnes d'entendre dire qu'un corps mis en contact de tous côtés avec d'autres corps à la même température que lui, deviendra ensuite, sans avoir éprouvé de changement chimique, plus froid qu'ils ne le sont, et restera tel pendant plusieurs heures. Cependant ces circonstances se rencontrent dans les substances qui attirent la rosée, quand elles sont placées sur la surface de la terre, dans une nuit tranquille et sereine, et elles sont en accord parfait avec la doctrine de la chaleur, reconnue aujourd'hui universellement pour être juste.

Pour rendre cela plus facile à comprendre, supposons un petit corps qui lance librement du calorique rayonnant, et qui possède en commun avec l'atmosphère une température de 32° (0°,0), que ce corps soit placé, pendant que l'air est calme et clair, sur un mauvais conducteur de calorique déposé à la surface d'une grande plaine bien exposée, et admettons qu'un firmament de glace existe à une hauteur quelconque dans l'atmosphère ; la conséquence doit être que le petit corps, ainsi exposé, deviendra promptement plus froid que l'air environnant ; car, tandis que son calorique rayonne par en haut, il ne peut en recevoir de la glace une quantité suffisante pour compenser sa perte ; la terre ne peut non plus lui en transmettre beaucoup, puisqu'il y a un mauvais conducteur interposé entre eux ; et il n'y a aucun solide ou fluide, excepté l'air, pour lui en communiquer latéralement, soit par rayonnement ou par sa propriété conductrice. En conséquence, ce petit corps, à moins qu'il ne reçoive de l'air à-peu-près autant de chaleur qu'il en émet, ce qui ne peut être regardé comme possible, d'après l'état de calme présent de l'atmosphère, et la difficulté avec laquelle la chaleur se communique d'une portion d'air à une autre dans un tel état, ce petit corps deviendra plus froid que l'atmosphère, et condensera la vapeur aqueuse des parties contiguës, si elles en contiennent assez pour permettre cet effet. Mais on rencontre les mêmes phénomènes dans une prairie de niveau et bien découverte, lorsque la rosée s'y dépose pendant une nuit tranquille et sereine. Les parties supérieures de l'herbe envoient des rayons de leur calorique dans les régions supérieures de l'atmosphère qui, étant vides, ne renvoient conséquemment aucune chaleur en échange. Les parties inférieures, en raison de leur faible propriété conductrice, transmettent peu de chaleur de la terre aux parties supérieures, qui, dans le même temps, n'en recevant qu'une petite quantité de l'atmosphère, et rien d'aucun autre corps latéral, doivent rester plus froides que l'air, et condenser en rosée sa vapeur aqueuse, si celle-ci est assez abondante, eu égard au décroissement de la température de l'herbe (1).

---

(1) J'ai adopté dans cette explication l'hypothèse de

Ce sujet peut encore être éclairci, en se rappelant ce qui arrive dans l'expérience qui a été faite pour prouver la réflexion du froid.

Dans la forme la plus simple de cette expérience, un petit corps, la boule d'un thermomètre, ayant la température de l'atmosphère, est placé devant un corps froid plus grand, rendu égal, en effet, à un corps plus grand encore, par le moyen d'un miroir métallique concave. Dans cette situation, le petit corps envoie de la chaleur au plus grand, sans en recevoir l'équivalent, et en conséquence il devient plus froid que l'air, par lequel sa chaleur rayonne, quoiqu'il reçoive continuellement du calorique de l'air en contact avec lui, ainsi que des murailles et des meubles contenus dans l'appartement où se fait l'expérience. Pour cette raison, il se formera aussi promptement de la rosée sur le thermomètre dans cette expérience, que cela aurait lieu sur un thermomètre suspendu en plein air, nuitamment et par un temps clair, pourvu que les deux instrumens fussent également inférieurs à la température de l'atmosphère, et que celle-ci fût, dans les deux cas, également près de son point de réplétion d'humidité (1).

M. Prevost de Genève, sur le rayonnement constant de la chaleur par les corps en contact avec l'atmosphère, même quand ils sont exposés à l'influence de corps plus chauds qu'eux-mêmes, vu qu'il paraît s'accorder parfaitement avec tous les phénomènes de la communication de la chaleur qui ne dépendent pas de la propriété conductrice. Je ferai par la suite un fréquent usage de cette hypothèse.

(1) Cette expérience ayant été attribuée, il y a quelques années, à M. Pictet de Genève, diverses personnes ici ont

Regardant maintenant comme établi que des corps situés sur ou près de la surface de la terre, deviennent, dans certaines circonstances, plus froids que l'air ambiant, en envoyant plus de calorique rayonnant au ciel qu'ils n'en reçoivent de quelque part que ce soit (1), je

---

prouvé qu'elle se trouve dans plusieurs écrivains étrangers beaucoup plus anciens; mais il n'est pas venu à ma connaissance qu'on ait fait mention de ce qui était su depuis longtemps en ce pays, comme on le voit dans l'extrait suivant d'une lettre écrite par M. Oldenbourgh à M. Boyle en 1665. « J'ai rencontré l'autre jour dans le discours astrologique de sir Christophe Heydon, une expérience qu'il assure avoir essayée lui-même, indiquant que le froid accompagne la lumière réfléchie lorsqu'on emploie des sections sphériques concaves ou des sections paraboliques qui, dit-il, réfléchissent aussi sensiblement le froid actuel de la neige ou de la glace, qu'elles réfléchissent la chaleur du soleil. » Boyle's Works.

(1) Le comte de Rumford a présenté la conjecture suivante dans un Mémoire imprimé dans les Transactions philosophiques pour 1804. « Le froid excessif, dit cet auteur, qu'on sait régner en toute saison sur le sommet des hautes montagnes et dans les régions supérieures de l'atmosphère, et les gelées qui surviennent si souvent pendant la nuit à la surface des plaines basses, au printemps et en automne, dans des temps bien clairs et calmes, semblent indiquer que des rayons frigorifiques arrivent continuellement à la surface de la terre, de chaque partie du ciel ». Mais il ne donne aucune expérience pour prouver qu'une telle communication existe réellement entre le ciel et la terre, pendant la nuit. Il ne paraît point, par aucun de ses écrits que j'ai vus, qu'il ait supposé que la surface de la terre fût plus refroidie par ces

présenterai d'abord quelques remarques sur l'étendue et l'usage de ce fait, et j'en appliquerai ensuite la connaissance à plusieurs des phénomènes décrits dans la première partie de cet essai, et à quelques autres dont je n'ai pas encore parlé. La terre doit, en tout temps, envoyer du calorique rayonnant vers le ciel; mais si le soleil est à quelque hauteur au-dessus de l'horizon, dont le degré est jusqu'ici indéterminé, et probablement varié suivant la saison et plusieurs autres circonstances, la chaleur qu'il envoie à la terre surpassera, même dans les endroits abrités de ses rayons directs, celle que la terre lance vers le ciel. Le 24 juillet, j'ai suspendu à midi, en plein air, au-dessus du gazon, pendant que le ciel était entièrement couvert de nuages très-épais et le temps calme, deux thermomètres sensibles dont l'un était nu et l'autre enveloppé de papier doré. Dans deux observations, ayant entre elles un intervalle de 10 minutes, le thermomètre dans l'enveloppe dorée était 2° (1°,10) plus bas que celui qui était nu. On mit alors une enveloppe de papier blanc au-dessus de la dorée, après quoi, au bout de cinq minutes l'instrument couvert fut trouvé à la même hauteur que l'autre. L'enveloppe extérieure blanche ayant ensuite été ôtée, en laissant la dorée, on trouva, au bout de quelques minutes, que les instrumens différaient encore de 2° (1°,10). Durant ces expériences, un thermomètre sur le gazon indiquait 2° (1°,10) de plus que celui nu dans l'air, et 4° (2°,20) de plus que celui dans l'enveloppe

---

rayons frigorifiques que l'air au travers duquel ils passent, ou que quelques corps fussent plus refroidis que d'autres par ces rayons.

dorée. Il est évident, d'après cela, que la chaleur rayonnante du soleil doit, ce jour-là, avoir été transmise en quantité considérable au travers des plus épais nuages, puisque, non-seulement la surface de la terre était plus chaude que l'air, mais même qu'un petit corps recouvert d'une substance qui ne recevait pas facilement l'impression du calorique rayonnant, était plus froid qu'un autre qui était découvert. J'observai également, le 2 janvier dernier à midi, pendant un brouillard épais, un thermomètre posé sur le duvet, qui était mis sur le gazon entièrement incrusté de gelée blanche : il était 2° (1°,10) plus chaud que l'air, et 1° (0°,55) plus chaud que l'herbe (1).

Cependant, dans une nuit calme et sereine, lorsque, par conséquent, il existe peu d'empêchement à l'évasion par rayonnement de la chaleur de la terre au ciel, et que aucun calorique ne peut être envoyé par le soleil vers le lieu d'observation, il devrait se produire sur la terre un degré immense de froid, si les circonstances suivantes ne se combinaient pour le diminuer; 1° l'impuissance de tout corps d'empêcher entièrement le passage de la chaleur par communication de la terre aux substances placées sur elle; 2° la chaleur que les objets latéraux envoient par rayonnement à ces substances; 3° la chaleur communiquée aux mêmes substances par l'air; 4° la cha-

---

(1) Un autre fait analogue, qui se présenta en même temps, fut que, quoique la température de l'air se trouvât à 30° (—1°,10), la gelée blanche des arbres diminuait rapidement; la matière solide de ces végétaux interceptant le calorique rayonnant qui avait pénétré du soleil à travers le brouillard, le convertissait en chaleur de température.

leur qui est dégagée pendant la condensation en rosée de la vapeur aqueuse de l'atmosphère.

L'étendue de l'effet de toutes ces compensations sur la production du froid par le rayonnement nocturne de la chaleur des corps sur la surface de la terre, ne peut, dans l'état présent de nos connaissances, être estimée avec justesse; mais les faits font voir que, malgré leur action, le froid produit par cette source doit être souvent fort considérable.

M. Wilson a une fois observé une différence de 16° (8°,85), due à cette cause, entre les températures de la neige et de l'air. En prenant la dernière température, néanmoins, il se servit d'un thermomètre nu, à l'occasion de quoi, d'après ce que j'ai déjà mentionné, il faut ajouter environ 2° (1°,10) aux 16° qu'il a observés, afin d'obtenir la différence réelle entre la chaleur de la neige et de l'air dans ce temps.

2°. Si M. Wilson, comme je l'ai dit ci-devant, eût placé un thermomètre sur quelque substance cotonneuse en contact avec la neige, il aurait très-probablement trouvé un froid de 20° (11°,10) au moins plus considérable que celui de l'air, tel qu'il est marqué par un instrument nu, et par conséquent au moins de 22° (12,°20) plus fort que le froid réel de l'atmosphère environnante.

3°. Le lieu d'observation de M. Wilson n'était pas très-favorable à la production d'un grand froid, provenant du rayonnement de la chaleur, pendant la nuit, de corps placés à la surface de la terre; c'était près d'une grande ville d'où il se dégageait beaucoup de fumée, et au voisinage immédiat, à ce qu'il me semble, d'après ce qu'il dit, d'un ou de plusieurs bâtimens considérables, et dans un climat abondant en humidité.

4°. Aucune observation de M. Wilson n'a été faite une heure ou deux après le coucher du soleil, temps auquel, suivant mes expériences, arrivent ordinairement les plus grandes différences entre les températures de l'air et des corps à la surface de la terre.

Si, alors, on faisait de telles expériences dans une atmosphère encore plus froide que celle dans laquelle M. Wilson a fait les siennes, au milieu d'une grande plaine éloignée de toute cité, exempte de tout objet de quelque nature que ce soit élevé au-dessus du sol, et dans une contrée remarquable par la sécheresse de son air, toutes circonstances qui peuvent se trouver en Russie durant l'hiver, on trouverait probablement, dans quelque nuit tranquille et sereine, une différence de 30° (16°,65) au moins entre un petit thermomètre placé avec sa boule nue (1), au milieu ou au côté sous le vent d'une couche de substance cotonneuse, occupant un espace sur un champ d'herbe ou sur un lit de neige d'une ou de deux verges carrées en étendue, et un semblable thermomètre enfermé dans une enveloppe de papier doré et suspendu dans l'air à quelques pieds au-dessus de l'autre. Je crois que deux thermomètres ainsi placés, même dans ce pays, pourraient quelquefois être trouvés ne différer pas beaucoup moins que de 30° (16°,65). Je n'ai jamais fait moi-même d'expériences avec une substance cotonneuse qui eût plus de quelques pouces carrés de surface, ni dans une nuit

(1) L'effet serait peut-être augmenté un peu, en recouvrant la boule d'une couche mince de noir de fumée.

bien froide, l'atmosphère étant claire et calme, et le lieu d'observation éloigné de grandes masses de bâtimens.

Mais même la production d'un froid de 30° (16°,65) ne paraît pas être la plus considérable que l'on puisse concevoir du rayonnement du calorique vers le ciel et pendant le nuit, par des substances sur la surface de la terre. Car les expériences de M. Pictet (1), de M. Six (2), et je puis ajouter de moi-même, établissent que, en exception à la règle générale, la chaleur de l'atmosphère, dans les nuits claires et calmes, augmente avec la distance de la terre. Conformément aux expériences de M. Six, l'atmosphère, à la hauteur de 220 pieds (67 mètres), est souvent, dans de telles nuits, de 10° (5°,55) plus chaude qu'elle ne l'est à 7 pieds (2^m,1) au-dessus de la terre. En conséquence, si je suis capable de faire voir, comme j'espère le pouvoir bientôt, que l'air, à une petite hauteur, devient plus froid que celui qui est fort haut, à cause de son voisinage de la surface de la terre, précédemment refroidie par son rayonnement vers le ciel, il s'ensuivra que ces 10° (5°,55) doivent être ajoutés au froid déjà mentionné; et par suite, qu'un corps sur la terre peut devenir, pendant la nuit, au moins de 40° (22°,20) plus froid que l'air qui se trouve à deux ou trois cents pieds au-dessus, par le rayonnement de son calorique vers un ciel clair.

J'ajouterai avec la plus grande défiance, peu de mots sur quelques effets utiles du rayonnement de la chaleur de la terre pendant la nuit, quoique bien pénétré du danger

(1) Essai sur le Feu, chap. x.

(2) *Phil. Trans.*, 1784, *and* 1788.

de l'erreur auquel on s'expose quand on cherche à apprécier les ouvrages de notre Créateur.

Si le calorique rayonnant qui vient du soleil à la terre pouvait s'accumuler, il détruirait bientôt la constitution actuelle de notre globe (1). Ce mal est prévenu par le rayonnement nocturne de la chaleur de la terre vers le ciel, lorsqu'elle n'en reçoit que peu ou point de chaleur en retour. Mais, par la sage économie des moyens qu'on retrouve dans toutes les opérations de la nature, l'empêchement de ce mal est rendu la source d'un grand bien positif. Car, la surface de la terre devenant, par cette raison, plus froide que l'air environnant, condense une partie de la vapeur aqueuse de l'atmosphère en rosée, de l'utilité de laquelle il est inutile de parler ici. On peut remarquer, cependant, que ce fluide paraît principalement là où il est le plus nécessaire, sur l'herbe, sur les plantes basses, évitant en grande partie les rochers, la terre nue et les masses considérables d'eau (2). De plus,

---

(1) Le comte de Rumford dit : « N'est-ce point par l'action de ces rayons (frigorifiques) que notre planète est refroidie continuellement, et qu'elle peut conserver la même température moyenne pendant des siècles, malgré les immenses quantités de chaleur qui sont produites à sa surface, par l'action continuelle des rayons solaires ? » *Phil. Trans.* 1804, p. 181.

(2) Je n'ai point d'observations directes pour appuyer cette assertion, concernant les masses d'eau considérables. Toutefois, je la soutiens juste, parce que aussitôt que la surface de l'eau a éprouvé le moindre refroidissement par le rayonnement, ses particules doivent descendre à cause de l'augmentation de leur gravité, et être remplacées par d'autres qui

par une autre sage disposition, sa production tend à empêcher le dommage qui pourrait provenir de sa propre cause, puisque la précipitation de l'eau sur les parties tendres des plantes doit diminuer la froidure dans celles qui l'occasionnent. Enfin, j'observerai que l'apparition de la rosée ne se borne point à une partie quelconque de la nuit, mais qu'elle a lieu pendant toute sa durée par les moyens les plus simples et les plus efficaces. Car, après qu'une partie de l'air a déposé son humidité sur la surface plus froide de la terre, elle est éloignée par cette agitation de l'atmosphère qui existe durant les temps les plus tranquilles, et fait place à une autre dont la quantité d'eau n'est pas encore diminuée. De plus, à mesure que la nuit s'avance, une portion d'air qui avait déposé auparavant toute l'humidité que les circonstances permettaient alors, acquiert, par l'effet du refroidissement général de l'atmosphère, la faculté d'en donner une nouvelle quantité, quand elle revient en contact avec la terre.

I. Le premier fait que j'essaierai d'expliquer ici, est l'empêchement total ou partiel du froid provenant du rayonnement dans les substances sur la terre, par l'inter-

---

sont plus chaudes. Il est donc impossible que toute la masse ait été assez refroidie, dans le cours d'une seule nuit, pour condenser en rosée une quantité considérable de la vapeur aqueuse de l'atmosphère. Outre cela, j'ai trouvé que même une petite masse d'eau, comme il en sera fait mention plus particulièrement dans la dernière partie de cet essai, n'acquiert quelquefois aucun poids, malgré son exposition à la rosée, dans l'espace d'une nuit entière favorable à la formation de ce fluide.

position de quelque corps solide entre elle et le ciel. Il paraît venir évidemment de ce qu'un corps supérieur arrête la chaleur d'un corps inférieur, laquelle tend à monter. Le corps inférieur, à la vérité, rayonne par en haut comme s'il n'y avait pas d'obstacle entre lui et le ciel; mais la perte qu'il éprouve par là est plus ou moins compensée par ce qu'il reçoit du corps supérieur. C'est de cette manière qu'il faut se rendre compte de la chaleur des substances qui étaient abritées du ciel par la planche élevée, le toit de carton et les cylindres creux de terre et de carton. Dans ces exemples, on ne peut supposer que les substances interposées aient renvoyé plus de chaleur qu'elles n'en recevaient. Mais dans des cas où il existe des masses considérables de matière solide à découvert, qui sont plus chaudes que l'atmosphère à cause de la chaleur du jour précédent ou pour d'autres raisons, le corps exposé recevra plus de calorique qu'il n'en perd. Par exemple, il me paraît certain que les maisons qui entourent Lincoln's-Inn Fields ont influé sur mes thermomètres pendant les expériences nocturnes, plus qu'elles ne l'auraient dû par la simple émission d'une quantité de calorique équivalente à celle qu'elles recevaient de la surface du jardin. Il n'est cependant pas absolument nécessaire qu'un corps soit exposé lui-même au ciel dans une nuit claire et calme pour devenir plus froid que l'atmosphère; l'exposition à l'influence d'un autre corps situé convenablement suffit pour la production d'un léger degré de cet effet. Ainsi, j'ai toujours trouvé la laine attachée en-dessous de la planche élevée dans une telle nuit un peu plus froide que l'air, et la raison de ce fait paraissait bien être que la laine, dans cette situation, était en quelque façon exposée à l'influence de l'herbe, qui était devenue considérablement plus froide que l'atmosphère, à cause du rayonnement de sa chaleur vers le ciel.

II. Aucune expérience directe ne peut être faite pour déterminer la manière dont les nuages empêchent ou diminuent la production d'un froid, dans la nuit, sur la surface de la terre, plus grand que celui de l'atmosphère; mais on peut, je crois, conclure avec assurance de ce qui est dit dans l'article précédent, qu'ils produisent cet effet presque tout-à-fait, en envoyant du calorique rayonnant à la terre, en retour de celui qu'ils interceptent dans son ascension de la terre vers les cieux. Car, quoique, le ciel se couvrant tout-à-coup de nuages dans une nuit calme, un thermomètre nu, suspendu dans l'air, monte ordinairement de 2° à 3° (1°,10 à 1°,65), il faut attribuer une faible partie de cette élévation à la chaleur dégagée par la condensation de la vapeur aqueuse dans l'atmosphère, comme l'a supposé M. Wilson (1); puisque, en conséquence de la discontinuation de cette partie du froid indiquée par le thermomètre, qui était due à son propre rayonnement vers un ciel clair, la température de l'atmosphère peut paraître augmenter de 2° (1°,10), quoiqu'elle n'ait reçu aucune addition réelle; en outre, la chaleur qui se dégage dans la condensation de la vapeur, pendant la formation d'un nuage, doit être bientôt dissipée; au lieu que l'effet d'une grande diminution, ou d'un empêchement total de l'apparition, sur la terre, d'un froid plus grand que celui de l'air, sera produite par un ciel nuageux pendant toute la durée d'une longue nuit.

---

(1) Edimb., *phil. Trans.*, 1, 157.

Les nuages épais qui sont près de la terre doivent participer à la chaleur de l'atmosphère inférieure, et par conséquent envoyer à la terre presque autant de chaleur qu'ils en reçoivent d'elle par rayonnement. Mais aussi les nuages épais, qui sont fort haut, quoiqu'interceptant également la communication de la terre avec le ciel, doivent, à cause de leur élévation, être plus froids que la terre, et lui envoyer moins de calorique qu'ils n'en reçoivent d'elle; c'est pourquoi elle pourra avoir à sa surface des corps plus froids de plusieurs degrés que l'air. Dans la première partie de cet essai, j'ai rapporté un exemple d'un corps devenant pendant la nuit, sur la terre, de 5° (2°,75) plus froid que l'air, quoique le ciel fût entièrement couvert de nuages élevés (1).

---

(1) M. Prevost de Genève, dans son ouvrage sur le calorique rayonnant, a déja rendu ainsi, par conjecture, raison de l'effet des nuages pour diminuer le froid de l'atmosphère et de la surface de la terre pendant la nuit; mais il ne paraît pas avoir connu que leur effet est beaucoup plus grand, sur la température de la surface de la terre, que celui qu'ils produisent sur l'air. Mon explication de l'influence des nuages sur la température de la surface de la terre durant la nuit est une conséquence directe des faits que j'avais observés relativement à l'empêchement de production du froid sur la terre, par rayonnement, par l'interposition de corps solides entre elle et les cieux, et qui se sont présentés à moi en 1812. L'ouvrage de M. Prevost, à la vérité, fut publié en 1809; mais je ne l'ai pas vu avant l'été de 1813, quand il me fut envoyé par son parent, le docteur Marcet de Londres, qui me dit en même temps qu'il croyait cet exemplaire le seul qu'il y eût dans

Les îles et les parties de continent qui touchent à la mer, étant, par leur situation, sujettes à un ciel nuageux, seront moins froides en hiver, que les contrées fort éloignées de tout océan, et cela, outre les raisons qu'on en donne ordinairement, parce que la quantité de chaleur qu'elles perdent par le rayonnement nocturne vers le ciel est plus petite.

III. Les brouillards, comme les nuages, doivent arrêter le calorique qui émane de la terre, et s'ils sont denses et d'une étendue perpendiculaire considérable, ils doivent lui en rendre une quantité égale à celle qu'ils reçoivent. Aussi M. Wilson n'a trouvé aucune différence pendant la nuit, dans un temps fort brumeux, entre la température de la surface de la neige et celle de l'air. Plusieurs de mes observations tendent à confirmer celles de M. Wilson. Un exemple, cependant, comme je l'ai dit ci-devant, s'est présenté à moi, d'une différence, dans la nuit, de 9° (5°) entre les températures de l'herbe couverte de geléé blanche et de l'air, pendant un brouillard fort épais. Une remarque de M. Leslie, sur la constitution des brouillards, contribue à l'explication de ce phénomène. Car ce

---

la Grande-Bretagne, excepté un qu'il avait envoyé lui-même à Edimbourg.

Note à la seconde édition. Je ne sus qu'après l'impression de la première édition de cet Essai, que M. Prevost avait publié son opinion sur l'effet des nuages pour empêcher le refroidissement nocturne de l'atmosphère et sur la surface de la terre, depuis aussi long-temps que l'année 1792, dans un ouvrage intitulé : *Recherches sur la Chaleur.*

philosophe dit (1), en conclusion d'expériences faites avec son photomètre, que dans les bruines et les brouillards bas, la diminution de la chaleur du soleil est petite, lorsqu'on la compare à ce qu'elle est quand le ciel est obscurci par une masse épaisse de nuages. On accordera volontiers, je présume, que le même état de l'atmosphère qui permet à la chaleur du soleil de passer abondamment, donnera aussi un passage facile au calorique rayonnant de la terre. Maintenant, il y a plusieurs raisons de croire que le brouillard pendant lequel l'herbe se trouvait de 9° (5°) plus froide que l'air, n'était pas fort élevé au-dessus de la terre. 1°. Le baromètre avait descendu quelques jours auparavant, et c'est une observation commune que les grands brouillards se produisent rarement pendant qu'il est en mouvement. 2°. Le jour qui précédait l'observation, l'air, après avoir été extrêmement brumeux pendant près d'une semaine, était devenu assez clair pour permettre l'aspect du soleil durant toute l'après-midi, quoiqu'il régnât encore une obscurité suffisante dans la partie la plus basse de l'atmosphère pour empêcher beaucoup la vue des objets sur la terre dont on était fort près. 3°. Le jour qui suivit l'observation, le brouillard fut encore beaucoup moindre; le lendemain il disparut et fut remplacé par de la neige. Il est à remarquer aussi que le soir en question, l'état de l'herbe, qui était le sujet de l'expérience, fut extraordinairement favorable à la production du froid, puisqu'au contraire de l'expérience générale, elle était aussi froide que le duvet. Si donc cette dernière substance, en raison de la régularité beaucoup

(1) *On heat and Moisture*, p. 57.

plus grande des phénomènes qu'elle présente, est prise pour point de comparaison auquel on doit rapporter les résultats de différentes nuits, on verra que le brouillard dont je parle maintenant, quoiqu'il n'empêchât point complètement la production du froid par rayonnement, doit l'avoir beaucoup diminué. Car, un soir précédent, lorsqu'il y avait peu de brouillard, et que l'atmosphère était dans le même état qu'à l'autre, relativement à la tranquillité, la différence entre le duvet et l'air était de 12° (6°,65); et un autre soir, quinze jours après, au même lieu d'observation, la différence entre les thermomètres dans les mêmes situations qu'auparavant, fut de 14° $\frac{1}{2}$ (8°,02), l'air étant alors sans brouillard. Si l'atmosphère eût été aussi tranquille ce soir que les précédens, on aurait certainement vu une plus grande différence. En conséquence, je conclus que les brouillards ne fournissent en aucun cas d'exception réelle à la règle générale, d'après laquelle tout ce qu'il peut y avoir, dans l'atmosphère, de capable d'arrêter ou d'empêcher le passage du calorique rayonnant, empêchera ou diminuera la production d'un froid, pendant la nuit, à la surface de la terre, plus grand que celui de l'air voisin.

Il résulte encore de ce qui a été dit dans cet article, que l'eau déposée sur la terre, pendant un brouillard de nuit, vient quelquefois de deux sources différentes, dont l'une est une précipitation d'humidité d'une partie considérable de l'atmosphère, par suite de sa froidure générale; l'autre, qui est une formation réelle de rosée due à la condensation, par le moyen du froid superficiel de la terre, de l'humidité de cette portion d'air qui vient en contact avec elle. Dans un tel état de choses, tous les corps deviendront humides, mais particulièrement ceux qui attirent le plus vite la rosée dans un temps clair (1). Toutefois, je n'ai pas eu la faculté de justifier cette conclusion par l'observation, depuis qu'elle s'est présentée à mon esprit.

IV. Quand des corps se refroidissent par rayonnement, l'intensité de l'effet observé doit dépendre, non-seulement de leur pouvoir rayonnant, mais en partie aussi de la facilité plus ou moins grande avec laquelle ils peuvent soutirer la chaleur par transmission des substances plus échauffées avec lesquelles ils sont en contact. Ainsi, dans les nuits claires et calmes, l'herbe fut toujours plus froide, et quelquefois beaucoup plus, que le chemin de gravier, quoiqu'une petite quantité de sable placée sur l'herbe fût aussi froide qu'elle. Dans ce cas, la différence de température entre le chemin de gravier et le sable dépendait évidemment des quantités différentes de chaleur qu'ils recevaient chacun des parties inférieures. La même raison s'applique à la rosée, qui paraît en quantité plus grande sur de petits copeaux de bois que sur la même substance en masse plus dense et plus compacte, et aux substances filamenteuses et cotonneuses, qui deviennent plus froides que toutes les autres, même que le noir de fumée, que M. Leslie met à la tête des meilleurs rayonnans solides du calorique. Car le noir de fumée que j'ai exposé, étant à une épaisseur d'environ deux lignes, possédait par conséquent un fond de chaleur interne qui se serait communiquée

(1) L'humidité observée nuitamment par Musschenbroeck en Hollande, et appelée par lui *rosée*, me paraît avoir été de cette nature. *Voyez* la quatrième partie de cet Essai.

plus promptement à sa surface froide, que la chaleur des parties inférieures des substances cotonneuses ne pouvait parvenir à leur surface supérieure.

Ce sujet est éclairci par l'expérience suivante : un soir qu'il faisait de la rosée, j'enfonçai, dans du terreau de jardin non comprimé, un verre à boire ayant un fond épais et plat, jusqu'à ce que son bord fût au niveau de la terre environnante, et en même temps je plaçai un vase semblable, avec sa cavité aussi vers le ciel, sur la surface du terreau. Le matin, l'intérieur du verre enfoncé était entièrement sec, pendant que celui de l'autre était couvert de rosée. J'appliquai alors la boule d'un petit thermomètre sur le fond dans chaque vase, et je trouvai que la chaleur du fond du verre enfoncé était de 56° (13°,30); mais la même partie de celui qui était à la surface n'était qu'à 49°½ (9°,72). En même temps la température de l'air était à 53° (11°65). De cette manière, on voit évidemment la raison de la sécheresse du premier vase, et de l'humidité du second.

De là aussi dérive la cause pour laquelle les parties saillantes de différens corps ont été observées, par M. Wilson, incrustées de gelée blanche, pendant que leurs parties plus centrales et plus massives en étaient exemptes (1).

V. Des corps exposés au ciel durant une nuit claire doivent lui envoyer tout autant de calorique rayonnant, quand il fait du vent, que si l'air était bien tranquille. Mais dans le premier cas, on ne trouvera leur température que peu ou point plus froide que celle de l'atmosphère, parce que le fréquent contact de l'air chaud doit

(1) *Paper, in phil. Trans.*, 1780.

rendre promptement une chaleur égale, ou à-peu-près, à celle qu'ils avaient perdue par rayonnement. Une légère agitation de l'air suffit pour produire quelqu'effet de ce genre; quoique, comme on l'a déjà dit, une telle agitation, lorsque l'air est bien chargé d'humidité, rendra plus grande la quantité de rosée, parce que la condition nécessaire à une production considérable de ce fluide est plus augmentée par cette légère agitation, que l'autre n'est diminuée par l'échauffement des corps.

VI. Un petit corps, comme un thermomètre, suspendu dans l'air, peut, même dans la nuit la plus calme, ne présenter que peu de froid par son rayonnement, vu qu'il est continuellement exposé au contact de nouvelles particules d'air plus chaud, à cause du mouvement progressif de ce fluide, et du mouvement descendant produit en lui par le refroidissement qu'il éprouve au contact du corps suspendu, et qui rend sa pesanteur spécifique plus grande. De l'autre côté, un thermomètre mis sur une table élevée au-dessus de la terre, et de plusieurs verges carrées de surface, aura son froid par rayonnement beaucoup moins diminué que le premier, vu qu'il n'est exposé à aucune perte de froid à cause du mouvement descendant de l'air, et que l'air qui s'approche horizontalement doit presque toujours avoir sa température préalablement abaissée en passant sur d'autres parties de la table. D'après cela, la raison pour laquelle le côté sous le vent de la table élevée est souvent plus froid que le côté au vent, devient évidente.

VII. Il y a une remarque de Théophraste (1) qui a été confirmée par d'autres écrivains, que les effets nuisibles

---

(1) *Lib.* v, c. xvi.

du froid se présentent principalement dans les endroits enfoncés. Si elle est restreinte à ce qui arrive dans des nuits sereines et calmes, et elle ne reste vraie, je crois, dans aucune autre circonstance, deux causes de sources différentes doivent lui être assignées : la première est que l'air étant plus tranquille dans de telles situations que dans d'autres, le froid par rayonnement, dans les corps qui s'y trouvent, sera moins diminué par des applications renouvelées d'air plus chaud; la seconde est que, par le séjour plus long du même air en contact avec la terre dans les lieux enfoncés que dans d'autres, il se déposera moins de rosée, et en conséquence il se dégagera moins de chaleur durant sa formation. On verra, dans la dernière partie de cet essai, qu'aux Indes orientales on fait des enfoncemens dans la terre, afin d'augmenter le froid qui survient pendant les nuits sereines. Mais ici il faut observer que si les endroits enfoncés ou creux sont profonds relativement à leur étendue horizontale, il doit résulter un effet contraire, vu qu'il se présentera un cas plus ou moins semblable à celui qui existait quand une petite portion d'herbe était entourée d'un cylindre creux.

VIII. Une observation étroitement liée à la précédente, savoir, que pendant les nuits claires et tranquilles, les gelées sont moins fortes sur les hauteurs que dans les plaines voisines (1), a excité beaucoup l'attention, sur-

---

(1) Théophraste remarque aussi qu'il gêle moins sur les hauteurs que dans les plaines, mais sans faire mention que cela n'arrive que dans les nuits calmes et sereines. *Lib.* v, *s.* xx.

tout en ce qu'elle contredit ce qui est communément regardé comme un fait bien établi, que le froid de l'atmosphère augmente toujours avec la distance de la terre. Ce froid moindre des hauteurs est évidemment un fait de même nature que celui observé par M. Pictet et par M. Six, relativement à l'augmentation de température, dans les nuits calmes et claires de toutes les saisons, des différentes couches de l'atmosphère, à proportion qu'elles sont plus élevées au-dessus de la terre. Comme le froid plus grand de l'air inférieur est le fait le moins compliqué, j'essaierai d'abord de l'expliquer. A la vérité, M. Pictet en rend lui-même raison en l'attribuant à l'évaporation de l'humidité de la terre. Mais pour faire voir que cela n'est pas juste, il ne faut que dire que ce phénomène n'a jamais lieu à un degré considérable, excepté dans les nuits où il y a de la rosée, et que sa grande intensité est ordinairement accompagnée d'une formation abondante de ce fluide ; car on ne peut penser que la même couche d'air déposera de l'humidité sur la terre par insuffisance de chaleur, en même temps qu'elle reçoit de la terre de l'humidité à l'état de vapeur transparente, ce qui suppose qu'elle n'est pas encore à son point de réplétion.

Notre atmosphère a été bien généralement regardée comme incapable d'être échauffée par les rayons du soleil, puisqu'ils ne communiquent aucune chaleur à une portion particulière d'air dans laquelle on les concentre au moyen d'une lentille. Je ne sais point si cette expérience a jamais été faite avec toute l'exactitude dont elle est susceptible ; mais, en accordant qu'elle l'ait été, mon opinion est néanmoins qu'on ne peut y ajouter aucune confiance ; car comme l'air, s'il est échauffé en totalité par les rayons solaires concentrés, ne doit l'être qu'à un faible degré durant le temps que leur foyer peut être considéré comme stationnaire (autrement la présente question ne se serait pas élevée), il est nécessaire, pour conduire l'expérience comme il convient, que, pendant toute sa durée, la même petite portion individuelle d'air reçoive constamment ce foyer; mais, par plusieurs raisons évidentes, cela ne peut arriver. Regardant donc l'argument fondé sur cette expérience comme sans force, je vais offrir plusieurs considérations qui semblent prouver que l'air est actuellement échauffé par les rayons solaires qui y entrent.

1°. L'air réfléchit et réfracte la lumière, et tous les autres corps, autant que je sache, acquièrent de la chaleur quand ils agissent ainsi sur la lumière du soleil.

2°. L'air amortit et absorbe la lumière du soleil, ce qu'on ne peut supposer sans concevoir une élévation de sa température.

3°. Si l'air, considéré comme un fluide uniforme, était même incapable de recevoir de la chaleur directement des rayons solaires, ils lui en communiqueraient cependant, par l'intervention des particules innombrables de matière solide qu'on aperçoit dans l'air, au moyen de l'expérience triviale d'un rayon de soleil reçu dans une chambre obscure. Quand même on dirait que cette apparition ne peut se présenter qu'au voisinage de la terre, par le mélange accidentel de matière solide enlevée de sa surface par les vents, ou de toute autre manière, la réponse est, que comme ma recherche se rapporte à une certaine condition de l'atmosphère, il n'importe pas comment elle est produite. On ne peut rien exiger de plus que cela; on retrouverait toujours cette condition de l'air que je crois être la cause du phénomène, puisque, si je puis me fier à ma mémoire à l'égard de ce qui est arrivé il y a plusieurs années, je dirai qu'on peut voir les mêmes particules, au moyen de la lumière du soleil, dans l'air, au milieu de l'océan Atlantique. Ces particules doivent alors recevoir de la chaleur des rayons solaires qui les heurtent, et elles la communiqueront à l'air transparent contigu.

4°. A moins que d'admettre que l'atmosphère soit capable d'intercepter une partie du calorique rayonnant du soleil qui la traverse, et de la convertir en chaleur de température, il me paraît impossible de trouver une raison suffisante de la grande chaleur qui existe, après un long calme, dans l'air qui recouvre les océans Atlantique et Pacifique, à la distance de 1000 milles ou plus de toute masse terrestre considérable. On ne peut la faire venir de l'eau, puisque celle-ci est plus froide que la couche inférieure de l'atmosphère; et personne ne supposera que ce soit la même chaleur qui a été communiquée à l'air par le dernier continent sur lequel il a passé plusieurs jours auparavant. Mais si cela était admis, il resterait une autre difficulté à lever, qui consiste en ce que, pendant toute la durée du calme, l'air se refroidit chaque nuit et se réchauffe pendant le jour (1). Si on supposait que ce qui a été dit est suffisant pour établir que l'air arrête une

(1) On trouve là une raison du grand froid des hautes régions de l'atmosphère, puisque l'air doit y être moins propre que celui des couches inférieures pour arrêter le calorique rayonnant qui y arrive.

partie de la chaleur du soleil qui rayonne dans son centre, unie à la lumière, il faudrait aussi accorder deux conséquences : la première, que l'air exerce un pouvoir plus grand de la même nature sur le calorique rayonnant qui le traverse sans lumière, puisque la chaleur du soleil passe instantanément par plusieurs corps qui refusent un semblable passage au calorique rayonnant des substances terrestres ; l'autre, que l'air doit être aussi capable de se refroidir par le rayonnement de sa propre chaleur (1), que de s'échauffer par le calorique rayonnant qui le traverse, puisqu'on observe uniformément que ces deux propriétés existent ensemble, et sont proportionnelles l'une à l'autre. La vérité de la dernière conclusion peut aussi être déduite de ce fait, que, dans un temps calme, la chaleur de l'air, à quelques pieds au-dessus de la terre, diminuera quelquefois, même dans ce pays, de 18° à 20° (10° à 11°,10) entre le coucher et le lever du soleil, quoiqu'il ne survienne aucun changement de vent ; car la faible propriété conductrice qu'on sait maintenant que l'air possède, ne permettra qu'à une petite partie de cette diminution de provenir du calorique qui passe, en vertu de cette propriété, de l'atmosphère à la terre plus froide. M. Leslie (2), à la vérité, attribue cet effet à la descente de l'air froid des hautes régions de l'atmosphère ; mais si cela était juste, on devrait trouver un froid moindre, pendant une nuit claire et tranquille, dans les couches inférieures que dans les plus élevées, ce qui est con-

(1) M. Prevost dit : « On peut supposer que les molécules de l'air rayónnent ». *Du Calorique rayonnant*, p. 24.

(2) *On Heat and Moisture*, p. 11, *and* 132.

traire aux résultats uniformes des nombreuses expériences de M. Pictet et de M. Six. Les vents aussi, qui produisent un semblable mélange, diminuent toujours le décroissement nocturne de la température dans les parties les plus basses de l'atmosphère.

Ayant ainsi fait voir que l'air est capable d'absorber de la chaleur qui rayonne dans sa masse, et d'en laisser rayonner de celle qui avait auparavant formé une partie de sa température, je vais procéder à appliquer la connaissance de ces faits à l'explication du phénomène observé par M. Pictet et M. Six.

Ce phénomène se présente seulement pendant les nuits où les corps à la surface de la terre peuvent se refroidir par le rayonnement de leur chaleur vers les cieux. Dans les autres nuits, lorsque les corps ainsi situés n'étaient pas plus froids que l'air, j'ai observé que l'atmosphère, jusqu'à 9 pieds (3^m) au-dessus du sol, limite de mes expériences, diminuait un peu en température à mesure que la distance à la terre augmentait. M. Six a également trouvé que, dans des nuits nuageuses, l'air était quelquefois plus froid à 220 pieds au-dessus du sol qu'à une élévation de 9 pieds. Lors donc que la terre est devenue plus froide, par son rayonnement, que l'air voisin, qui, en raison de sa faible propriété rayonnante, a lancé une moindre proportion de sa chaleur vers les cieux, l'air plus chaud doit laisser rayonner une partie de sa chaleur vers la terre, sans recevoir une compensation égale, et par conséquent il deviendra plus froid qu'il ne l'eût été autrement. A proportion aussi que l'air est plus voisin de la terre, sa froidure, pour cette raison, doit être plus grande. Je m'aide à concevoir ce fait (1) en contemplant la production d'un effet opposé quand la terre est plus chaude que l'air. Supposons alors que quand la terre, dans cet état, laisse rayonner par en haut une quantité de chaleur, un pied en épaisseur de l'air qui la recouvre soit capable d'arrêter la millième partie de ce qu'il en reçoit, et de la convertir en chaleur de température : la conséquence doit être que le pied suivant, en ne recevant que 999 parties de ce qui a été émis par la terre, ne peut être aussi échauffé que le premier pied, quoiqu'il absorbe la même quantité proportionnelle de ce qui y entre. De cette manière, chaque pied successif acquerra une quantité de chaleur moindre que le pied précédent, et l'atmosphère aura un état semblable à celui qui est actuellement observé dans une journée de soleil et calme. Dans le jour, néanmoins, les phénomènes de l'échauffement de l'air par le rayonnement de la terre sont rendus un peu confus, par la portion échauffée qui s'élève perpendiculairement et se mêle avec celle qui est plus froide; au lieu que durant la nuit, l'air qui a été refroidi par son rayonnement vers la terre est rendu, par l'augmentation de sa pesanteur spécifique, le plus propre à rester dans sa position basse. Afin de simplifier l'argument, je n'ai tenu ici aucun compte du refroidissement de quelque masse considérable de l'air, en conséquence du contact actuel de sa couche la plus basse avec la terre, ou par la transmission de la température d'une portion à une autre. Mais, pendant un état calme de l'atmosphère,

(1) La même facilité est offerte en considérant le froid comme un corps.

ces effets doivent être peu considérables, quoiqu'il me paraisse impossible, dans l'état présent de nos connaissances, de les déterminer avec quelque précision.

Conformément à la manière que j'ai donnée d'envisager ce sujet, la chaleur de l'air, durant une nuit claire et calme, doit augmenter, dans les limites du phénomène, en quelque rapport géométrique décroissant, à mesure qu'on s'élève dans l'atmosphère; et cette conclusion est si bien confirmée par les observations de M. Pictet et de M. Six réunies, que l'augmentation de température est trouvée être plus grande dans un espace donné près de la terre, que dans un espace égal qui en est plus éloigné.

Pour revenir à l'objet immédiat de cet article, c'est un fait certain, quoiqu'on puisse penser de mon explication, que, dans toute nuit claire et calme, l'air près de la terre est plus froid que celui qui en est plus éloigné, par exemple, à la hauteur de 220 pieds au moins, qui est la plus grande à laquelle les expériences de M. Six se rapportent. Si maintenant on suppose qu'une éminence s'élève d'une plaine à la hauteur de 220 pieds, ayant à son sommet un petit plateau couvert d'herbe; et si l'on y admet l'atmosphère, pendant une nuit calme et sereine, de 10° (5°,55) plus chaude qu'elle ne l'est près de la surface de la plaine, différence qui est moindre, d'après les observations de M. Six, que celle qui se présente quelquefois dans de telles circonstances, il est évident que l'herbe sur la hauteur et celle dans la plaine acquerraient un froid de 10° (5°,55) par rayonnement; mais la première sera 10° plus chaude que l'autre.

Cependant l'égalité que nous supposons ici dans le froid acquis par l'herbe, en ces deux situations, peut rarement existər; car, selon une observation d'Aristote (1), fréquemment répétée depuis, l'air des lieux élevés est beaucoup plus agité que celui d'un terrain bas; en conséquence le fréquent renouvellement, par cette cause, de l'air en contact avec l'herbe sur la hauteur, l'empêchera de devenir jamais beaucoup plus froide que la masse générale de l'atmosphère à la même hauteur. C'est pourquoi une diminution de cette manière des 10° de froid supposés précédemment s'y produire par rayonnement, doit être ajoutée à la différence de température de l'herbe dans les deux situations.

Ce qui a été dit jusqu'ici ne se rapporte qu'à ce qui arrive sur le sommet de l'éminence; mais, à l'égard de ses côtés, ils ne peuvent être qu'un peu plus froids que l'atmosphère au même niveau, même dans son état le plus calme; car d'abord, ils ne jouissent pas de l'aspect entier du ciel; et en second lieu, l'air qui est refroidi par leur contact, en raison de l'augmentation de sa gravité, glissera en suivant leur pente, et ainsi fera place pour l'application de portions nouvelles et chaudes à la même surface. De plus, le mouvement excité de cette façon dans l'air, près des côtés de la hauteur, doit en occasionner un dans l'air qui est au sommet, capable, jusqu'à un certain point, de représenter celui de la dernière observation tirée d'Aristote, autant qu'elle se rapporte à ce qui arrive dans une nuit claire.

La hauteur de l'éminence, dans cet exemple, a été supposée petite, pour l'accorder avec celle des stations dont les températures ont été comparées par M. Six avec la chaleur de l'air près de la terre. Mais des observations

(1) *Meteor.*, lib. 1, c. x.

analogues s'appliqueront aux montagnes d'une élévation beaucoup plus considérable. Car, en accordant d'abord que l'air, à la hauteur de 220 pieds, ne soit jamais plus de 10° plus froid que celui près de la terre, ce qui n'est pas probable, et qui est même contredit par quelques observations de M. Six; et ensuite, que l'augmentation de la chaleur de l'air, dans une nuit calme et sereine, cesse précisément à la plus grande hauteur à laquelle M. Six a porté ses observations, ce qui est aussi improbable, une réduction, à l'étendue de 10° dans la température de l'air près de la terre, rendra le froid de cette portion basse de l'atmosphère plus grand que celui de toute autre portion qui n'est pas à plus de 2500 ou 3000 pieds au-dessus du premier, si l'estimation est juste, qui fait une déclinaison dans la chaleur de l'atmosphère de 1° (0°,55) pour chaque 250 à 300 pieds (90 mètres) de sa hauteur, quand aucune cause contraire n'existe.

Cependant, les remarques qui ont été présentées sur la plus grande chaleur des hauteurs, pendant la nuit, dans une certaine disposition du temps, sont strictement applicables à celles-là seules qui sont isolées et d'une étendue latérale peu considérable; et c'est sur de semblables principalement, sinon uniquement, que ce phénomène a été observé. La supériorité du froid d'une plaine basse, par rayonnement, sur celui d'une vaste étendue de terrain montagneux, sera moindre pour des raisons évidentes; et aucune supériorité de ce genre n'existera probablement dans la première situation, lorsque le terrain élevé se trouvera non-seulement étendu, mais aplati au sommet, formant ce qui est appelé un *plateau*; à moins, à la vérité, ce qui paraît actuellement le cas, que l'air d'une contrée ainsi élevée ne soit communément plus agité que celui des lieux inférieurs, également de niveau.

Maintenant, on peut facilement donner l'explication d'une observation de M. Jefferson de Virginie (1), qui cependant avait aussi été faite par Aristote (2) et par Plutarque (3), que la rosée est beaucoup moins abondante sur les montagnes qu'elle ne l'est dans les plaines. Car, en accordant d'abord que la surface de la terre soit, dans les deux situations, également plus froide que l'air qui en est voisin, toutefois, comme la production de la rosée doit être proportionnelle à la diminution totale de la température de l'air qui la fournit, au-dessous de ce que sa chaleur avait été le jour précédent, et comme une partie de cette diminution, le refroidissement général de l'atmosphère, est considérablement plus grande dans la plaine que sur la montagne, il doit nécessairement se déposer une plus grande quantité d'humidité dans le premier de ces endroits que sur le second. Si on ajoute l'agitation plus grande de l'atmosphère, et la quantité moindre d'humidité dans la région supérieure que dans l'inférieure pendant un temps clair, on inférera promptement que la rosée peut quelquefois manquer entièrement sur une montagne, quoiqu'elle soit abondante au pied, dans la plaine, conformément à ce qui vient d'être observé par M. Jefferson.

IX. Les feuilles des arbres restent souvent sèches pendant toute la nuit, tandis que celles de l'herbe se recou-

---

(1) *Notes on Virginia*, p. 132.

(2) *Meteor.*, lib. 1, c. x.

(3) *De primo frigido.*

vrent de rosée. Comme c'est un fait analogue à la petite quantité de rosée sur les hauteurs, en en rendant compte, je ferai un peu plus que d'énumérer les circonstances dont il dépend.

1°. L'atmosphère est de plusieurs degrés plus chaude, près des parties supérieures des arbres, dans les nuits où il y a de la rosée, que près de la terre. 2°. L'air, dans une situation élevée, est plus agité que dans une situation basse. 3°. L'air, à une petite distance de la terre, en raison de ce qu'il se trouve plus près d'une de ses sources d'humidité, en contiendra plus, dans une soirée calme, que celui qui entoure les feuilles d'arbres élevés. 4°. Il n'y a que les feuilles tout-à-fait supérieures des arbres qui soient entièrement exposées au ciel. 5°. L'inclinaison des feuilles fera que l'air qui a été refroidi par elles glissera promptement en bas, et sera remplacé par des portions plus chaudes. 6°. La longueur des branches d'arbre, la faiblesse des rejetons et la souplesse des pétioles des feuilles y occasionneront un mouvement presque perpétuel, même dans ces états de l'air qu'on peut appeler calmes. En effet, j'ai fréquemment entendu, pendant la tranquillité de la nuit, un bruit ressemblant à un cliquetis dans les arbres qui formaient une des limites du lieu ordinaire de mes observations, pendant que l'air inférieur était sans mouvement.

On peut expliquer, à-peu-près de la même manière, pourquoi les arbrisseaux et les buissons reçoivent aussi la rosée plus promptement que les grands arbres.

X. Les métaux brillans exposés à un ciel clair, dans une nuit calme, recevront moins de rosée sur leur surface supérieure que les autres corps solides, puisque, de tous les corps dans une telle situation, ils sont ceux qui perdent la moindre quantité de chaleur par rayonnement vers les cieux, en même temps qu'ils sont capables de recevoir, par communication de l'atmosphère, au moins autant de chaleur que tout autre, et plus que tout autre, des substances solides qu'ils viennent à toucher.

Si les morceaux de métal exposés ne sont pas fort petits, une autre raison contribuera un peu à ce qu'ils se recouvrent de rosée plus tard et moins que les autres substances. Car, en conséquence de leur grande propriété conductrice, la rosée ne peut se déposer sur eux, à moins que toute leur masse ne soit suffisamment froide pour condenser la vapeur aqueuse de l'atmosphère; tandis que le même fluide paraîtra sur un mauvais conducteur de la chaleur, quoique les parties un peu en-dessous de la surface soient plus chaudes que l'air (1).

En raison du même passage prompt de la chaleur d'une partie d'un métal à une autre, un plateau métallique, suspendu horizontalement dans l'air à plusieurs pieds au-dessus de la terre, aura son côté inférieur humide de rosée si le supérieur l'est devenu; tandis que la surface inférieure d'autres corps qui attirent davantage la

---

(1) D'après cela, je regarde comme probable que la rosée se formera quelquefois sur la boule d'un thermomètre avant que le mercure qui y est contenu ne soit refroidi au-dessous de la température de l'atmosphère. Il me paraît aussi certain que la rosée doit se déposer sur des substances qui, à cause de la minceur du prolongement de matière auquel le froid est confiné, ne produiront que peu ou point d'effet sensible sur un thermomètre qu'on y appliquera.

rosée, mais mauvais conducteurs de la chaleur, est sans rosée dans une situation semblable.

Un métal placé dans l'air, près de la terre, est le plus souvent assez froid pour condenser sur son côté inférieur la vapeur qui s'élève de la terre plus chaude, quoique sa surface supérieure puisse être sèche, parce qu'il possède, ou à-peu-près, la même température que l'atmosphère qui l'environne.

Comme la température des métaux n'est jamais beaucoup inférieure à celle de l'air voisin, une légère diminution de leur froidure, par rayonnement, leur fera souvent évaporer la rosée qu'ils avaient reçue précédemment, quoique d'autres substances qui avaient été plus refroidies par rayonnement, attirent toujours la rosée. Pour la même raison, un métal qui a été mouillé à dessein se sèchera souvent durant la nuit, pendant que d'autres substances deviendront humides.

Une substance qui a beaucoup d'attraction pour la rosée, telle que la laine, si on la met sur un métal, en soutirera du calorique, et par conséquent attirera moins de rosée que la même substance mise sur l'herbe.

Un large plateau métallique se couvre moins promptement de rosée, étant mis sur l'herbe, que s'il était placé dans l'air, quoiqu'à peu de pouces seulement au-dessus de l'herbe, parce que, dans le premier cas, il reçoit librement, en vertu de sa grande propriété conductrice, de la chaleur de la terre; au lieu qu'étant placé dans l'air, il résiste puissamment, par une autre propriété dont les métaux brillans jouissent à un haut degré, à l'introduction du calorique rayonnant qui vient de l'herbe inférieure. En outre, l'herbe sous le métal possède alors moins de chaleur que quand elle était en contact avec le métal, en partie parce qu'elle n'a plus qu'un petit aspect oblique du ciel, et en partie parce qu'elle reçoit l'air qui a été refroidi en passant sur d'autre herbe entièrement exposée au ciel.

Soit un morceau de métal à la surface inférieure duquel est exactement appliquée une substance de quelque épaisseur qui attire puissamment la rosée, et qui, conséquemment, absorbe promptement le calorique qui lui est lancé; quand ce métal est exposé au ciel pendant la nuit, la chaleur fournie par la substance attachée, provenant de sa propre quantité originelle, et de celle qu'elle avait acquise par le rayonnement de la terre vers elle durant l'exposition, donnera à ce morceau de métal la faculté de résister plus long-temps qu'un morceau nu à la formation de la rosée, ou même qu'un autre morceau qui n'aurait qu'une couche fort mince de matière très-attractive de la rosée à sa surface inférieure. L'expérience de la croix de bois couverte d'un papier doré offre un exemple du dernier fait

Une très-petite plaque métallique est moins promptement couverte de rosée qu'une grande, toutes deux également suspendues dans l'air, parce qu'elle reçoit proportionnellement à sa grandeur plus de chaleur de l'atmosphère. D'un autre côté, une très-petite plaque mise sur l'herbe refroidie par le rayonnement, se couvrira plus vite de rosée qu'une plus grande dans la même situation, parce qu'elle présente à l'herbe environnante une surface proportionnellement plus grande, et que par là elle perd plus promptement sa chaleur par communication. Elle sera aussi plus promptement couverte de rosée qu'une autre fort petite plaque suspendue dans l'air, puisque celle-ci, comme d'autres petits corps également placés, doit acquérir continuellement plus de chaleur que la précédente, suivant ce qui a été décrit au paragraphe VI, page 82 de cet Essai.

Un morceau de métal appliqué successivement à différentes portions d'herbe froide, se refroidira plus promptement lui-même qu'un autre morceau qu'on laisse constamment sur une portion de la même herbe, et se couvrira en conséquence plus vite de rosée.

Si le côté nu d'un morceau de papier métallique est exposé à un ciel clair et calme, pendant la nuit, il deviendra froid par rayonnement, et recevra, par communication, de la chaleur de la surface métallique inférieure; si on le retourne sens dessus dessous, il acquerra plus vite de la rosée qu'une autre surface métallique semblable qui aurait été exposée au ciel pendant toute la durée de l'expérience.

Quand un métal couvre une partie seulement de la surface supérieure d'un morceau de verre, la partie découverte du verre étant exposée à un ciel clair, dans une nuit tranquille, devient promptement froide par rayonnement, et alors en attirant à elle-même une partie de la chaleur du métal, elle fait que ce dernier se couvre de rosée plus promptement que si toute la surface exposée eût été métallique. Dans cette expérience, le bord extérieur de la surface métallique étant le plus près du verre plus froid, aura plus de rosée et plus vite, tandis que les parties du verre découvertes qui sont contiguës au métal plus chaud, en auront moins et plus tard, respectivement aux substances.

Un morceau de verre, couvert d'un côté de métal, étant placé sur l'herbe, ce côté en dessous, sa surface supérieure attire la rosée aussi promptement que s'il n'y avait aucun métal attaché à lui, puisque le métal n'a pas la faculté de diminuer le rayonnement de la chaleur de la surface supérieure du verre. Je conclus néanmoins des principes généraux, car je ne l'ai pas essayé, que si le même morceau de verre était élevé dans l'air un peu au-dessus de l'herbe, il prendrait plus promptement de la rosée sur sa surface supérieure, que s'il n'était pas recouvert de métal inférieurement, parce que cette couche doit résister à l'introduction du calorique rayonnant de l'herbe plus chaude, et ainsi conserver presque sans diminution le froid acquis par le rayonnement de la surface supérieure nue vers le ciel.

Les remarques précédentes s'appliquent à toute la classe des métaux ; mais les découvertes de M. Leslie, concernant la différence dans la capacité de ces corps pour le rayonnement du calorique, fournissent une explication de la diversité qu'ils offrent, à l'égard de l'attraction de la rosée, qui a été notée dans la partie précédente de cet Essai. Il y est dit que l'or, l'argent, le cuivre et l'étain résistent à la formation de la rosée plus fortement que les autres substances de la même classe ; mais ce sont, d'après M. Leslie, les métaux qui rayonnent le moins. D'un autre côté, le plomb, le fer et l'acier qui, selon le même auteur, rayonnent plus que les métaux qui précèdent, ont été trouvés, par moi, prendre de la rosée plus promptement. Je ne sais si le pouvoir rayonnant du platine a été déterminé par des expériences directes ; mais comme sa propriété conductrice est faible, son rayontement doit être fort, puisque ces qualités existent toujours en intensités opposées dans la même substance; et, conformément à cela, je l'ai observé couvert de rosée, pendant que les quatre métaux premiers cités étaient secs. J'ignore si on a déterminé, par des expériences ordinaires, les propriétés rayonnante et conductrice du zinc; mais j'infère de ce qu'il se couvre de rosée plus facilement que l'or et que l'argent, qu'il rayonne la chaleur plus abondamment qu'ils ne font; à moins, à la vérité, que les morceaux dont je me suis servi, comme ils avaient été éclaircis avec du sable, n'eussent acquis un pouvoir rayonnant plus grand que celui que possèdent des morceaux bien polis, suivant les résultats de quelques expériences de M. Leslie (1).

---

(1) Je m'étais proposé d'ajouter ici une explication de quelques observations fort curieuses de M. Bénédict Prevost de Besançon sur la rosée, qui ont été publiées d'abord par lui-même dans le 44e volume des Annales de Chimie, et ensuite par M. Pierre Prevost de Genève, dans son Essai sur le Calorique rayonnant; mais, par la crainte d'être prolixe, j'ai abandonné ce dessein. Je dirai néanmoins, que si, à ce qu'on connaît maintenant en général sur les différentes manières dont la chaleur se communique d'un corps à un autre, on ajoute les deux circonstances suivantes : que les corps deviennent plus froids que l'air avant d'attirer la rosée, et que les métaux brillans, quand ils sont exposés, de nuit, à un ciel clair, se refroidissent plus que l'air, beaucoup moins promptement que les autres corps, on pourra se rendre raison de tous les phénomènes observés par M. Prevost.

Note à la seconde édition. J'ai trouvé, peu de temps après la publication de la première édition de cet Essai, que le

XI. Regardant comme probable que les corps noirs pourraient, pendant la nuit, rayonner plus abondamment vers le ciel que les corps blancs, je plaçai sur l'herbe, en cinq soirées différentes, des quantités égales de laine noire et blanche. Dans quatre matinées suivantes, je trouvai que la laine noire avait acquis un peu plus de rosée que la blanche; d'où je conclus qu'elle avait aussi rayonné un peu plus. Mais je remarquai ensuite que la laine blanche était un peu plus grosse que la noire, ce qui pourrait avoir occasionné la différence de leurs attractions pour la rosée. Une autre nuit, je mis sur la planche élevée un morceau de carton couvert de papier blanc, et tout auprès j'en mis un autre bien semblable sous tous les rapports, excepté qu'il était couvert de papier noirci avec de l'encre. Au jour, j'observai de la gelée blanche sur tous les deux; mais le noir paraissait en avoir plus que le blanc. Néanmoins j'élevai un doute sur l'exactitude de cette expérience; car comme la lumière était faible lorsque je regardai les deux surfaces, la quantité de gelée blanche, quoiqu'égale sur les deux, pourrait m'avoir paru plus grande sur le noir que sur le blanc, à cause du contraste de sa couleur avec celle de la première surface. Des essais de ce genre, comme l'a observé M. Leslie (1),

---

savant docteur Young avait, plusieurs années auparavant, employé dans son grand ouvrage sur la Philosophie naturelle, le principe du rayonnement, pour expliquer plusieurs des faits observés par M. B. Prevost. Au sujet de l'explication du docteur Young, j'ai donné quelques détails dans le 28e numéro des *Ann. of Philos.* du Docteur Thomson.

(1) *On Heat*, p. 95.

ne donnent jamais de résultats bien certains, puisqu'un corps noir doit toujours différer d'un corps blanc, dans une ou plusieurs propriétés chimiques, et que cette différence peut seule suffire pour occasionner une diversité dans leurs facultés de rayonner.

Afin de rendre le sujet moins compliqué, j'ai jusqu'à présent considéré la rosée comme si elle venait entièrement de la vapeur aqueuse précédemment répandue dans l'atmosphère; cela me paraissant être éminemment sa source la plus considérable, et aucune de mes conclusions, de quelque importance qu'elle soit, n'étant sujette à être affectée, même par l'établissement d'une opinion contraire. D'autres écrivains, cependant, ont regardé la rosée comme étant entièrement le produit de la vapeur émise, durant la nuit, par la terre et les plantes qui la recouvrent. D'après cette théorie, on dit que la rosée *s'élève*.

La première trace que j'ai trouvée de l'opinion que la rosée s'élève de la terre pendant la nuit, se présente dans l'Histoire de l'Académie des Sciences pour 1687. Elle est là exposée brièvement, d'une manière obscure, et fut probablement bientôt oubliée; car Gersten, qui l'avança de nouveau, en 1733, s'en regarda comme l'auteur. Musschenbroek et Dufay l'accueillirent immédiatement après Gersten; mais le premier admit bientôt que la rosée tombe quelquefois. Autant que j'ai pu l'apprendre, aucun écrivain sur la rosée n'a, depuis, attribué sa production entièrement à la vapeur émise par la terre durant la nuit, excepté M. Webster de la Nouvelle-Angleterre (1). Mais cette opinion est souvent énoncée dans la conversation par des personnes peu accoutumées aux recherches philosophiques, surtout, je crois, parce qu'elle contredit une croyance populaire.

Le seul argument employé par les académiciens français pour soutenir leur opinion, est, si je l'ai bien compris, qu'on observe autant de rosée sous une cloche de verre renversée que dans toute autre situation. Mais en admettant, pour un instant, que cela soit vrai, ils ne peuvent prouver ainsi que la terre soit la seule source de ce fluide.

Gersten fut conduit à penser que la rosée s'élève de la terre, parce qu'il en trouvait souvent l'herbe et les buissons bas recouverts, pendant que les arbres étaient secs. Par rapport à ce fait, je n'ajouterai rien à ce qui en a été dit précédemment. Mais cet argument principal est déduit d'un autre fait mentionné dans la première partie de cet Essai, qui est qu'une plaque de métal, mise sur la terre nue dans une nuit à rosée, restera sèche à sa surface supérieure, tandis que l'inférieure deviendra humide. Cela peut aussi facilement s'expliquer par ce que j'ai déjà dit; car le côté inférieur du métal, en conséquence de ce que le supérieur est en contact avec l'air et exposé à un ciel clair, est plus froid que la terre un peu au-dessous de sa surface, et conséquemment il condense la vapeur qui vient le frapper, pendant que le côté supérieur, en raison de ce qu'il est fréquemment plus chaud que l'air et jamais d'une température qui lui soit fort inférieure, est le plus souvent incapable de condenser la vapeur aqueuse de l'at-

---

(1) *Mem. of American Acad.* v. III.

mosphère (1). Gersten rapporte lui-même plusieurs faits qui réfutent son opinion. Il dit, par exemple, que les parties supérieures des buissons acquièrent plus de rosée que les inférieures ; que les plaques métalliques placées horizontalement dans l'air prennent autant de rosée sur leur surface supérieure que sur l'inférieure ; et que des corps convexes et cylindriques suspendus dans l'air, les derniers ayant une position parallèle à l'horizon, ne se couvriront de rosée que sur leurs parties supérieures.

La principale raison donnée par Dufay pour l'ascension de la rosée, est qu'elle paraît plutôt sur les corps près de la terre, que sur ceux qui sont à une plus grande élévation. Mais ce fait trouve promptement une explication sur d'autres principes déjà énoncés. 1°. L'air bas, dans une soirée claire et calme, est plus froid que l'air élevé, et en conséquence il est plutôt en état de déposer une partie de son humidité. 2°. Il est moins sujet à l'agitation que l'air supérieur. 3°. Il contient plus d'humidité que le supérieur, puisqu'il reçoit la dernière qui s'élève de la terre, en plus que celle qu'il possédait précédemment en commun avec les autres parties de l'atmosphère. Dufay a tâché de fortifier son argument, en exposant sur des arbres, pendant des nuits à rosée, des substances semblables

(1) J'ai, de la même manière, observé, pendant une nuit nuageuse, qu'un morceau de verre mis au-dessus d'un vase de terre contenant de l'eau et placé sur la terre, se mouillait à sa surface inférieure, pendant que la supérieure était sèche : dans cette situation, le verre était assez froid pour condenser la vapeur d'eau échauffée par la terre, mais pas assez pour condenser la vapeur aqueuse de l'atmosphère.

à différentes hauteurs, s'attendant que les plus basses acquerraient toujours plus d'humidité que les autres; mais toutes les nuits, quelques-unes des substances inférieures acquéraient moins d'humidité que quelques-unes des plus élevées.

M. Webster n'a avancé aucun fait nouveau en faveur de l'opinion dont je parle.

Ayant dit tout ce qu'il fallait pour prouver que la rosée n'est pas entièrement produite par la vapeur qui s'élève de la terre pendant la nuit, je vais faire voir qu'elle est souvent produite quand cette cause ne peut avoir que peu ou point d'effet.

1°. D'après Hasselquist et Bruce, en Egypte, un peu avant le débordement du Nil, lors donc que la terre y est dans son plus grand état de sécheresse, il paraît que la rosée devient excessivement abondante, quoiqu'il ne s'en formât que peu ou point auparavant, lorsque la terre était un peu moins sèche. La cause en est évidemment, comme on l'a dit ci-devant, dans l'air humide chassé de la Méditerranée par le vent du nord, qui règne à cette époque.

2°. M. Webster, en parlant de la gelée blanche, qu'il regarde proprement comme de la rosée gelée, dit naïvement, quoique cela renverse son opinion : « Cette gelée paraît quand la surface de la terre est gelée elle-même, et naturellement la vapeur dont elle se forme ne peut, dans ce temps, se dégager de la terre ».

3°. J'ai moi-même, dans tous les temps de l'année, fréquemment observé que de la laine sur le milieu de la planche élevée, et par conséquent à l'abri de la vapeur qui s'élevait de la terre, acquérait plus de rosée que celle mise sur le gazon.

4°. Les corps qui condensent la vapeur qui monte doivent nécessairement être plus froids qu'elle ; mais comme ils sont également, d'après l'opinion qu'on a sous les yeux, à la même température que l'air qui les entoure, celui-ci devrait aussi condenser la vapeur qui s'élève. Par conséquent, la rosée ne paraîtrait jamais en quantité considérable sans être accompagnée de brouillard ou de bruine. Maintenant je puis assurer, après y avoir fait beaucoup d'attention, que la formation de la plus abondante rosée se concilie avec un état transparent de l'atmosphère. Hasselquist fait une semblable observation à l'égard de l'Egypte, où, pendant la saison la plus remarquable pour les plus fortes rosées, « les nuits, dit-il, sont aussi brillantes d'étoiles, dans le milieu de l'été, que les nuits d'hiver les plus claires et les plus belles le sont dans le Nord. »

Mais quoique ces faits prouvent que des rosées abondantes se présentent sans ou presque sans l'intervention de la vapeur qui s'élève de la terre pendant la nuit, on doit cependant admettre qu'un peu de l'humidité qui se dépose, dans un temps clair et calme, sur les corps placés à sa surface ou auprès, doit être, dans les deux cas, attribué à cette source, puisque, dans mes expériences, des substances sur la planche élevée devinrent humides beaucoup plus tard que d'autres sur la terre, quoiqu'elles fussent également froides. Néanmoins sa quantité, pour cette raison, ne peut jamais être grande; car d'abord, jusqu'à ce que l'air soit refroidi par les substances qui attirent la rosée, avec lesquelles il vient en contact, au-dessous de son point de réplétion d'humidité, il sera toujours dans un état propre pour reprendre ce qui a été déposé sur l'herbe ou sur d'autres corps bas, par la vapeur chaude émanée de la terre ; de même que l'humidité formée sur un miroir par notre haleine est, à une température douce, enlevée presqu'immédiatement par l'air environnant. Conformément à cela, j'ai quelquefois observé dans un temps calme et serein, un peu d'humidité se déposer sur l'herbe à l'ombre, plusieurs heures avant le coucher du soleil, et demeurer à-peu-près en même quantité jusqu'au coucher : alors elle augmentait considérablement quand l'humidité commençait à se montrer sur la planche élevée. En second lieu, quoique des corps situés sur la terre, après avoir été assez refroidis par le rayonnement pour condenser la vapeur de l'atmosphère, soient capables de retenir l'humidité qu'ils acquièrent en condensant la vapeur de la terre, cependant, avant que cela n'arrive, la vapeur qui s'élève doit avoir été considérablement diminuée par la surface de la terre, qui est devenue beaucoup plus froide. Ces considérations ajoutées au fait que les substances sur la planche élevée attiraient mieux la rosée pendant toute la nuit que des substances semblables mises sur l'herbe, m'encouragent à conclure que, dans une nuit favorable à la production de la rosée, il n'y a qu'une fort petite partie de ce fluide formée par la vapeur qui s'élève de la terre, quoique je ne possède aucun moyen de déterminer la proportion de cette partie du tout ; d'un autre côté, cependant, durant une nuit nuageuse, toute la rosée qui paraît sur l'herbe peut quelquefois être attribuée à une condensation de la vapeur de la terre, puisque j'ai remarqué plusieurs fois, dans de telles nuits, que la planche élevée était sèche, pendant que l'herbe était humide. Ces nuits étaient calmes, et par conséquent l'évaporation de dessus l'herbe peu abondante. Quand, dans des nuits nuageuses, l'évaporation était aidée par le vent, je n'ai jamais observé de rosée nulle part, comme cela a été rapporté dans la première partie (1).

Suivant une autre opinion, la rosée qu'on trouve sur les plantes vivantes est la vapeur condensée des mêmes plantes sur lesquelles elle paraît. Cette opinion me semble erronée pour plusieurs raisons. 1°. La rosée se forme aussi abondamment sur les substances végétales mortes que sur celles qui jouissent de la vie. 2°. L'humeur transpirée des plantes sera emportée par l'air qui

---

(1) J'ai dit précédemment, quoiqu'appuyé sur peu d'observations, que l'intervalle entre la première formation de la rosée, l'après-midi, sur l'herbe dans les endroits ombragés, et le coucher du soleil, était beaucoup plus grand que celui entre le lever du soleil et le moment où la formation de la rosée sur l'herbe cesse au matin. Ces observations ont été faites sur des terrains exposés au soleil pendant la plus grande partie du jour. Dans de tels endroits, la chaleur reçue du soleil par les couches les plus superficielles de la terre, sera retenue plus long-temps que celle reçue par l'herbe, qui sera conséquemment assez froide, bientôt après que la chaleur du jour aura diminué, pour condenser une partie de la vapeur qui s'élève alors abondamment de la terre; au lieu qu'au matin, il s'élèvera moins de vapeur de la terre, puisqu'elle aura alors perdu une grande partie de sa chaleur, et une proportion moindre de ce qui s'élève sera condensée par l'herbe, puisque la température de ce corps approche maintenant davantage de celle de la terre, en recevant d'abord de la chaleur du soleil réfléchie par l'air et les autres corps.

passe dessus, quand elles ne sont pas assez froides pour condenser la vapeur aqueuse qui y est contenue, à moins que, ce qui n'arrive presque jamais si la bruine n'existe déjà, la masse générale de l'atmosphère ne soit incapable de recevoir de l'humidité à l'état transparent. D'après cela, dans les nuits nuageuses, lorsque l'air, par conséquent, ne peut être refroidi jusqu'en-dessous de son point de réplétion d'humidité par les corps en contact avec lui, on n'observe jamais de rosée sur aucune plante élevée de quelques pieds au-dessus du sol. 3°. Si une plante a acquis, en rayonnant vers le ciel, assez de froidure pour amener l'air en contact avec elle en-dessous du point de réplétion, l'humidité qui se forme sur elle par sa propre transpiration, à la vérité, ne s'évaporera pas alors; mais en même temps l'atmosphère lui communiquera une autre humidité; et quand on considère la différence dans l'abondance de ces deux sources, on peut, je pense, conclure sûrement que presque toute la rosée qui se formera ensuite sur la plante doit venir de l'air, surtout quand la froidure d'une nuit claire et l'inactivité générale des plantes en l'absence de la lumière, circonstances qui diminuent leur transpiration, sont prises toutes deux en compte.

Cependant on a cité une expérience pour prouver que la rosée des plantes est due actuellement au fluide qui en transpire. C'est celle où une plante, bien enfermée sous un récipient, se couvre d'humidité. Mais si on examine attentivement cette expérience, on lui trouvera peu d'importance. D'abord, la plante enfermée étant exempte du froid que son propre rayonnement aurait produit dans sa situation naturelle, pendant une nuit à rosée, il en transpirera une plus grande quantité de fluide que d'une plante semblable exposée en même temps en plein air. Ensuite, la petite quantité d'air contenue dans le récipient doit être bientôt à son maximum d'humidité, et dès-lors tout ce qui émane de la plante paraîtra nécessairement sous la forme de ce fluide, quel que puisse être l'état de l'atmosphère extérieure ; tandis que, durant même la nuit la plus claire, il n'y aura qu'une partie de la plus petite quantité d'humidité émise par la plante exposée qui sera condensée à sa surface. En dernier lieu, malgré les circonstances qui favorisent la production de l'humidité sur des plantes enfermées, par leur propre transpiration, on dit (je n'ai point fait d'expériences sur ce sujet) qu'on y observe toujours la rosée beaucoup moins abondante qu'on ne la voit sur des plantes de même espèce exposées à l'air pendant le même temps, durant une nuit calme et sereine.

TROISIÈME PARTIE.

De plusieurs Phénomènes qui se rapportent à la Rosée.

Il y a différens phénomènes dans la nature qui me paraissent liés à la rosée par une cause commune, quoique cette connaissance ne s'aperçoive pas toujours au premier abord : l'établissement et l'explication de plusieurs d'entre eux formeront la dernière partie de cet Essai.

I. J'observai un matin, en hiver, que les côtés intérieurs des vitres aux fenêtres de ma chambre à coucher étaient très-humides, mais que ceux qui avaient été couverts intérieurement par un volet, durant la nuit, l'étaient beaucoup plus que ceux qui avaient été découverts. Supposant que cette diversité d'apparence dépendait d'une différence de température, j'appliquai les boules nues de deux thermomètres sensibles à un carreau de vitre couvert, et à un découvert : je trouvai ainsi le premier de 3° (1°,65) plus froid que l'autre. L'air de la chambre, quoiqu'il n'y eût pas de feu, était alors de 11° $\frac{1}{2}$ (6°,37) plus chaud que celui du dehors. Des expériences semblables furent répétées dans plusieurs matinées : les résultats furent que, quand la chaleur de l'air intérieur excédait celui du dehors de 8° à 18° (4°,45 à 10°,00), la température des vitres couvertes était de 1° à 5° (0°,55 à 2°,75) moindre que celle des vitres découvertes ; que les vitres couvertes étaient quelquefois mouillées de rosée, pendant que celles non couvertes étaient sèches ; qu'en autre temps toutes les deux étaient libres d'humidité; que les surfaces extérieures des vitres couvertes et découvertes avaient des différences semblables à l'égard de la chaleur, quoiqu'elles ne fussent pas aussi grandes que celles des surfaces intérieures; et qu'aucune variation dans la quantité de ces différences ne fût occasionnée par l'état clair ou sombre du temps, pourvu que la chaleur de l'air intérieur excédât celle de l'air extérieur également dans ces deux états de l'atmosphère.

La raison éloignée de ces différences ne se présenta pas immédiatement; néanmoins je vis bientôt que le volet fermé abritait le verre qu'il couvrait de la chaleur qui avait rayonné, vers les fenêtres, des murailles et des meubles de la chambre, et le maintenait plus près de la température de l'air extérieur que ne pouvait l'être le verre des autres fenêtres qui, étant découvert, recevait la chaleur qui lui était envoyée par les corps qui viennent d'être nommés.

En faisant ces expériences, je trouvai rarement la surface intérieure d'aucun carreau de verre fort humide, quoiqu'elle pût être de 8° à 10° (4°,45 à 5°,55) plus froide que la masse générale de l'air de la chambre; tandis qu'en plein air j'avais souvent trouvé une fort grande quantité de rosée formée sur des substances qui n'étaient que 3° à 4° (1°,65 à 2°,20) plus froides que l'atmosphère. Cela me surprit d'abord, mais maintenant la cause m'en paraît claire; l'air de la chambre avait été primitivement une portion de l'atmosphère extérieure, et avait ensuite été échauffé sans recevoir d'augmentation bien notable dans son humidité originelle; il fallait donc qu'il fût beaucoup refroidi avant d'être ramené à l'état primitif où il se trouvait près de son point de réplétion, au lieu que l'air extérieur est ordinairement, pendant la nuit, presque à son maximum d'humidité, et conséquemment il laisse précipiter promptement de la rosée sur les corps un peu plus froids que lui.

Quand l'air d'une chambre est plus chaud que l'atmosphère extérieure, l'effet d'un volet placé en dehors, sur les vitres de la fenêtre, sera directement opposé à ce qui vient d'être établi, puisqu'il doit empêcher le rayonnement, vers l'atmosphère, de la chaleur de la chambre, transmise par les vitres.

II. Le comte de Rumford (1) paraît avoir bien conjecturé que les habitans de certaines contrées chaudes qui dorment pendant la nuit sur les toits de leurs maisons, sont rafraîchis, par cette exposition au ciel, d'une manière plus sensible qu'ils ne pourraient l'être par la température de l'air environnant. Un autre fait de ce genre est le froid que nous éprouvons souvent en passant, pendant la nuit, de l'intérieur d'une maison en plein air; ce froid est plus grand qu'on n'aurait dû s'y attendre de la froidure de l'air extérieur. On en attribue la cause, à la vérité, à la promptitude du passage d'une situation à une autre; mais si c'était là toute la raison, on sentirait un froid égal dans le jour quand la différence, à l'égard de la chaleur, entre l'air intérieur et extérieur, est la même que dans la nuit, ce qui n'est pas le cas. En outre, si je puis me fier à ma propre observation, le sentiment du froid par cette cause est plus remarquable durant une nuit claire que dans une nuit nuageuse, et à la campagne

(1) *Phil. Trans.*, 1804, p. 182.

que dans les villes. Voici la manière dont ces choses me paraissent principalement devoir être expliquées.

Durant le jour, notre corps, pendant qu'il est en plein air, quoique non immédiatement exposé aux rayons du soleil, en soutire néanmoins constamment de la chaleur, au moyen de la réflexion de l'atmosphère. Cette chaleur, quoiqu'elle produise peu de changement sur la température de l'air qu'elle traverse, apporte quelque compensation pour celle qui rayonne de nous vers les cieux. Durant la nuit aussi, lorsque le ciel est couvert, nous recevrons encore quelque compensation à la ville et à la campagne, puisque les nuages renvoient vers la terre une quantité assez considérable de chaleur. Mais dans une nuit claire, et dans une partie bien découverte de la campagne, nous ne pouvons presque rien recevoir des parties supérieures, en place de notre chaleur qui s'y dirige. Dans les villes, cependant, nous recevrons quelque compensation, même dans les nuits les plus claires, pour la chaleur que nous perdons en plein air, par celle qui rayonne des bâtimens environnans.

Il faut probablement attribuer au rayonnement de notre corps, pendant que nous recevons peu de compensation du rayonnement des corps environnans, une grande partie des effets nuisibles de l'air de la nuit. Descartes (1) dit qu'ils ne sont pas dus à la rosée, comme on le croyait de son temps, mais à la descente de certaines vapeurs malsaines qui, s'étant exhalées de la terre pendant la chaleur du jour, sont ensuite condensées par le froid d'une nuit sereine. Les effets en question

(1) Météorologie, c. VI.

ne peuvent certainement être dus à la rosée, puisque ce fluide ne se forme pas sur le corps humain en santé dans les climats tempérés; mais ils peuvent néanmoins provenir de la même cause qui produit la rosée sur ces substances, qui ne possèdent pas, comme le corps humain, la faculté de reproduire de la chaleur pour suppléer à celle qu'ils perdent par le rayonnement, ou de toute autre manière.

III. J'avais souvent, dans la présomption du demi-savoir, souri au moyen fréquemment employé par les jardiniers pour protéger les plantes délicates contre le froid; car il me paraissait impossible qu'une natte mince ou quelqu'autre substance aussi faible, pût les empêcher d'atteindre la température de l'atmosphère, de laquelle seule je pensais qu'ils avaient à craindre les effets; mais quand j'eus appris que les corps à la surface de la terre deviennent, pendant une nuit tranquille et sereine, plus froids que l'atmosphère, par le rayonnement de leur chaleur vers les cieux, j'aperçus de suite la juste raison de la pratique que j'avais auparavant crue inutile. Desirant, néanmoins, acquérir quelque notion précise sur ce sujet, j'enfonçai dans la terre d'un gazon quatre bâtons minces, de manière qu'ils s'élevaient perpendiculairement de six pouces au-dessus de l'herbe, et formaient les angles d'un carré dont les côtés avaient deux pieds de long. Sur les bouts de ces bâtons furent attachés les quatre coins d'un mouchoir de batiste fine, rendue par un long usage encore plus fine qu'elle ne l'était originellement, et ayant çà et là quelques légères déchirures. Dans cette disposition, il n'y avait donc rien pour empêcher le libre passage de l'air de l'herbe exposée à celle abritée par le mouchoir, excepté les quatre petits bâtons, et il n'y avait aucune substance pour lancer en bas, sur l'herbe couverte, du calorique rayonnant, excepté le mouchoir lui-même. J'examinai pendant plusieurs nuits la température de l'herbe qui était ainsi mise à l'abri du ciel, et je la trouvai toujours supérieure à celle de l'herbe voisine découverte, si celle-ci était plus froide que l'air. Quand la différence de température entre l'air à plusieurs pieds au-dessus de la terre et l'herbe non abritée n'excédait pas 5° (2°,75), l'herbe abritée était à-peu-près aussi chaude que l'air; mais si cette différence excédait 5°, je trouvais l'air tant soit peu plus chaud que l'herbe abritée; ainsi, une nuit que l'herbe bien exposée était de 11° (6°,10) plus froide que l'air, ce dernier était 3° (1°,65) plus chaud que l'herbe abritée, et je retrouvai la même différence une autre nuit où l'air était de 14° (7°,75) plus chaud que l'herbe exposée. Une raison de cette différence est que l'air qui passait de l'herbe exposée, par laquelle il avait été considérablement refroidi, sur l'herbe sous le mouchoir, devait avoir privé cette dernière d'une partie de sa chaleur; une autre raison, c'est que le mouchoir, puisqu'il était plus froid que l'atmosphère par le rayonnement de sa surface supérieure vers le ciel, devait renvoyer à l'herbe en-dessous moins de chaleur qu'il n'en recevait; mais cependant l'herbe abritée, malgré ses pertes, fut une nuit de 8° (4°,45) et une autre de 11° (6,10) plus chaude que l'herbe bien exposée au ciel, différences qui sont assez grandes pour expliquer l'utilité d'un abri fort léger aux plantes, en écartant ou en diminuant le mauvais effet du froid dans une nuit tranquille et sereine.

Ensuite, voulant savoir si j'obtiendrais quelque différence en plaçant l'abri à une distance beaucoup plus grande de la terre, j'eus quatre pieux minces enfoncés perpendiculairement dans le sol d'une prairie et s'élevant de six pieds ; ils formaient les angles d'un carré ayant huit pieds de côté. Je jetai dessus un vieux drapeau de navire, d'une texture fort lâche. Relativement aux expériences faites au moyen de ces dispositions, je dirai seulement qu'elles me conduisirent à conclure, autant qu'on puisse comparer les circonstances des différentes nuits, que l'abri élevé eut la même efficacité que le plus bas pour empêcher la production d'un froid sur la terre, dans une nuit claire, plus grand que celui de l'atmosphère, pourvu que l'aspect oblique du ciel fût également exclu des endroits où je plaçais mes thermomètres.

D'un autre côté, j'observai toujours une différence notable en température, dans les nuits claires et tranquilles, entre les corps abrités du ciel par des substances qui les touchaient, et des corps semblables qui étaient abrités par une substance un peu au-dessus d'eux. Je trouvai, par exemple, une nuit, que la chaleur de l'herbe abritée par un mouchoir de batiste élevé de quelques pouces dans l'air, était 3° (1°,65) plus forte que celle de la pièce d'herbe voisine, qui était abritée par un semblable mouchoir, mais en contact avec elle. Une autre nuit, la différence entre les températures de deux portions d'herbe préservées de la même manière que ci-dessus de l'influence du ciel, était de 4° (2°,20). Peut-être que l'expérience a appris depuis long-temps aux jardiniers l'avantage éminent de défendre les végétaux tendres contre le froid d'une nuit claire et calme, au moyen de substances qui ne les touchent pas directement, quoique je ne me souvienne pas d'avoir jamais vu aucun appareil pour retenir les nattes ou tels autres corps à une certaine distance des plantes qu'ils sont destinés à protéger.

Les murailles, je crois, en ce qui concerne la chaleur, sont regardées comme utiles, durant les nuits froides, aux plantes qui les touchent ou qui sont auprès, seulement sous deux rapports ; d'abord par l'abri mécanique qu'elles forment contre les vents froids, et secondement en distribuant la chaleur qu'elles ont acquise pendant le jour ; mais il me semble qu'on peut les considérer comme la source d'un troisième avantage, puisqu'elles empêchent en partie, dans les nuits claires et calmes, qui sont souvent les plus préjudiciables aux plantes, la perte de chaleur qu'elles auraient éprouvée par le rayonnement si elles eussent été entièrement exposées au ciel. L'expérience suivante a été faite afin de déterminer la justesse de cette opinion.

Un mouchoir de batiste ayant été tendu, à l'aide de deux bâtons, perpendiculairement au gazon, à angles droits avec la direction de l'air, un thermomètre fut mis au bas, sur l'herbe, du côté au vent. Le thermomètre ainsi placé fut, pendant plusieurs nuits, comparé à un autre mis sur le même gazon, mais sur une partie entièrement exposée au ciel. Dans deux de ces nuits, l'air étant clair et calme, l'herbe auprès du mouchoir fut trouvée de 4° (2°,20) plus chaude que l'herbe entièrement exposée ; dans une troisième, la différence était de 6° (3°,30). Un fait analogue est rapporté par Gersten, qui dit qu'une surface horizontale prend plus de rosée qu'une perpendiculaire au sol.

IV. La neige dont les campagnes, dans les hautes latitudes, sont recouvertes pendant l'hiver, n'a été ordinairement estimée utile aux substances végétales, sur la surface de la terre, que comme les abritant contre le froid de l'atmosphère; mais si cette supposition était juste, l'avantage de cette couverture serait fort circonscrit, puisque les arbres et les parties supérieures des grandes plantes qui s'élèvent au-dessus de la neige sont toujours exposés à l'influence de l'air. Une autre raison cependant de son utilité a été donnée dans cet essai; c'est qu'elle empêche la production du froid que les corps sur la terre acquièrent en addition à celui de l'atmosphère, par le rayonnement de leur chaleur vers le ciel durant les nuits claires et tranquilles. A la vérité, la cause de ce froid additionnel n'opère pas constamment; mais sa présence, seulement pendant quelques heures, pourrait faire beaucoup de tort aux plantes qui, étant ainsi couvertes, passent l'hiver sans accident; en outre, dans l'état des choses, pendant que les productions végétales basses sont empêchées, par cette couverture de neige, de devenir plus froides que l'atmosphère, en raison de leur propre rayonnement, les parties des arbres et des grandes plantes qui s'élèvent au-dessus de la neige sont peu affectées du froid par cette cause; car leurs derniers jets, actuellement qu'ils sont dépourvus de feuilles, sont beaucoup plus petits que les thermomètres que je suspendais dans l'air, lesquels, en cette situation, devinrent fort rarement plus de 2° (1°,10) plus froids que l'atmosphère. Les grosses branches aussi, qui, si elles étaient entièrement exposées au ciel, deviendraient plus froides que les parties extrêmes, sont considérablement abritées par ces rejetons ; et enfin les troncs sont abrités par les parties plus grandes et plus petites, sans parler de la chaleur qu'ils doivent tirer, par l'intermède de leurs racines, de la terre tenue chaude par la neige (1).

On explique en partie de même la manière dont une couche de terre ou de paille préserve les matières végétales, dans nos champs, des effets pernicieux du froid, puisqu'une telle couverture doit empêcher, durant les nuits calmes et sereines, leur chaleur de rayonner vers le ciel.

V. Le simple énoncé du sujet de cet article sera propre à le faire regarder comme devant exciter le ridicule, vu que c'est une tentative d'expliquer de quelle manière l'exposition des substances animales à la lumière de la lune favorise leur putréfaction. Je ne sais pas positivement si une telle opinion prévaut quelque part à présent, excepté dans les Indes occidentales ; mais je conclus de différentes circonstances qu'elle existe aussi en Afrique, et qu'elle fut portée de là en Amérique par les esclaves nègres. Néanmoins, elle fut partagée par des personnes bien recommandables parmi les anciens ; car Pline (1) assure qu'elle est vraie ; et Plutarque, après en avoir fait un sujet de

---

(1) On peut cependant observer ici qu'une couche épaisse de neige, pendant qu'elle rend la surface de la terre plus chaude qu'elle ne le serait à nu, doit être cause que la couche atmosphérique inférieure est plus froide, en empêchant la transmission de la chaleur de la terre à l'air, soit par rayonnement, soit par communication.

(1) *Lib.* 11, § [illegible]

discussion dans un de ses entretiens (1), l'admet comme bien fondée.

Comme les rayons lunaires ne communiquent aucune chaleur sensible aux corps sur lesquels ils tombent, il semble impossible qu'ils puissent favoriser directement la putréfaction. Cependant, une raison de leur attribuer une telle propriété peut être tirée de leur réception par des substances animales, dans le même temps qu'il survient une cause de putréfaction réelle, mais qui n'est pas généralement remarquée dans les climats chauds (et c'est là seulement que l'opinion dont je parle a toujours prévalu), laquelle cause cesse d'agir aussitôt que la lumière de la lune disparaît.

Les nuits où il règne un clair de lune constant doivent nécessairement être claires ; et les nuits qui sont claires sont presque toujours calmes (2). Il doit donc se former abondamment de la rosée dans une nuit où la lune brille ; de là les expressions *roscida* et *rorifera* employées par Virgile et Statius ; et de là aussi, à ce qu'il paraît dans Plutarque, une opinion admise même par des philosophes anciens, que la lune communique de l'humidité aux corps qui sont exposés à sa lumière (3).

---

(1) *Lib.* III, *Prob.* X.

(2) M. de Luc a observé que les brouillards disparaissent fréquemment bientôt après le coucher du soleil. *Idées sur la Météorologie*, II, 98. J'ai souvent observé cela moi-même, et en même temps un autre fait dont il ne parle pas : savoir, que l'atmosphère est alors plus calme qu'elle ne l'était avant le coucher. Ce calme de l'air précède ordinairement, sinon toujours, la dissipation des nuages.

(3) Une opinion conforme à celle des anciens, relative-

Les substances animales se rangent parmi celles qui acquièrent de la rosée en plus grande quantité; pour cela elles doivent, à la vérité, devenir auparavant plus froides que l'atmosphère; mais ayant acquis l'humidité de la rosée en addition à la leur propre, elles seront, le jour suivant, dans cette condition qui est connue, par expérience, très-favorable à la putréfaction dans les climats chauds.

La cause immédiate assignée ici à la prompte putréfaction des substances animales qui ont été exposées aux rayons lunaires dans un pays chaud, est la même que celle donnée par Pline et Plutarque; mais ils ont attribué l'origine de cette cause immédiate, l'humidité additionnelle, à une qualité spéciale humectante de cet astre. Cette théorie fausse a probablement contribué à décréditer, chez les modernes, le fait qu'elle devait expliquer.

VI. Le dernier sujet que je traiterai dans cet essai est la formation de la glace, pendant la nuit, au Bengale, lorsque la température de l'air est au-dessus de 32° (0°,0).

Je n'ai vu que deux détails originaux de ce phénomène; ils se trouvent insérés dans les Transactions philosophiques : le premier, de sir Robert Barker, dans le 65e volume; l'autre, dans le 83e, de M. Williams.

Selon la méthode du faiseur de glace de sir R. Barker,

---

ment à la qualité *huméfiante* (*humefying*) de la lune, est celle qui a été admise aussi bien par les écrivains modernes que par les anciens, que l'existence de cette planète est une cause de froid pour les corps qui reçoivent ses rayons. Je ne connais cependant aucun auteur qui se soit expliqué sur cette connexion.

des excavations carrées de 2 pieds de profondeur et de 30 de largeur, ayant été formées dans une grande plaine découverte, et jonchées jusqu'à une épaisseur de 8 pouces à un pied, de cannes à sucre ou de tiges de blé d'Inde sèches, on place sur cette couche, en file, près l'une de l'autre, de *petites* terrines non vernissées, de trois lignes d'épaisseur, profondes de 1 $\frac{1}{2}$ pouce, et remplies d'eau *douce bouillie* : les terrines sont assez poreuses pour permettre que leur surface extérieure paraisse humide quand elles contiennent de l'eau. Sir R. Barker ajoute que les nuits les plus favorables à la production de la glace sont les plus calmes et les plus sereines, et où il paraît peu de rosée après minuit ; que les nuages et les fréquens changemens de vent sont des obstacles certains à cette formation, et que, quoiqu'on se procure ainsi très-promptement de la glace d'une manière artificielle au Bengale, pendant l'hiver, il est très-rare qu'il s'y en forme naturellement.

Le procédé décrit par M. Williams doit, à cause de son extension, puisque 300 personnes y sont employées, avoir été entrepris par spéculation, et conséquemment il doit être dirigé de la manière la plus économique. Une pièce de terre à-peu-près de niveau, d'environ 4 acres (6 arpens), était divisée en carrés larges de 4 à 5 pieds que l'on entourait d'un rebord de terre de 4 pouces de hauteur. Dans ces enclos, précédemment remplis de paille ou de cannes à sucre sèches, étaient placées autant de terrines *larges*, peu profondes, non vernissées, et pleines d'eau de *pompe non bouillie*, qu'ils pouvaient en contenir. L'air était en général fort tranquille quand il se formait beaucoup de glace ; car le vent empêchait absolument sa formation. Le matin, entre cinq et six heures, seul temps auquel M. Williams a fait ses observations, un thermomètre avec sa boule nue, placé sur la paille au milieu des vases, ne se présenta jamais à lui plus bas que 35° (+1°,65), et il a observé de la glace quand un thermomètre ainsi placé était à 42° (+5°,55). Un autre thermomètre suspendu à 5 ½ pieds au-dessus de la terre était *communément* 4° (2°,20) plus haut que celui mis entre les vases. Il est possible, d'après cela, que M. Williams ait vu de la glace un peu avant le lever du soleil, quand la température de l'air était à 46° (+7°,75). En accordant que ce soit là un fait, il ne s'ensuit pas que la glace se formât pendant que l'air avait cette température; car, quoique l'air, vers le lever du soleil, soit le plus souvent, dans tous les pays, plus froid qu'en tout autre temps, cela n'arrive pas *toujours* en Angleterre, comme je l'ai appris de mes propres observations: des exceptions semblables peuvent se rencontrer au Bengale. Sir H. Davy a dit, dans ses Élémens de Chimie, que la glace se forme au Bengale quand la température de l'air n'est pas au-dessous de 50° (+10°); mais il n'a donné aucune autorité pour soutenir cette assertion.

Sir R. Barker et M. Williams attribuent la formation de la glace, dans les circonstances qui ont été décrites, au froid produit par l'évaporation; et la même opinion est admise par quelques-uns de nos écrivains les plus distingués sur la Philosophie naturelle, comme Watson, Thompson, Young, Davy et Leslie, apparemment, toutefois, sans l'avoir bien considérée, comme je vais tâcher de le faire voir.

1°. Il est nécessaire, pour le succès complet de l'opération, que l'air soit bien tranquille: le vent, qui favorise si considérablement l'évaporation, empêche complètement la congélation. Sir R. Barker admet que les excavations dans la terre sont faites pour augmenter la tranquillité de l'air en contact avec l'eau des terrines; mais dans l'intention d'expliquer l'utilité de cette pratique, il suppose, contradictoirement à toute expérience, que l'eau tenue bien en repos se gêle plus promptement, les autres circonstances étant les mêmes, que si elle était un peu agitée.

2°. On ne donne aucune preuve que l'évaporation des terrines ait lieu justement aux époques qui sont le plus favorables à la formation de la glace. En tout cas, elle ne peut alors être grande, puisque, conformément à ce que dit sir R. Barker, il se forme plus ou moins de rosée dans les nuits les plus productives en glace; et on ne peut croire, comme il a été dit dans une précédente occasion, qu'une portion de l'air déposera de l'humidité parce qu'elle en aurait une surabondance, pendant que la portion contiguë recevrait de l'humidité en grande quantité, à l'état de vapeur transparente, puisque le dernier fait ne peut exister que quand l'air est fort éloigné de l'état de réplétion.

3°. Si l'évaporation produisait le froid dont nous parlons, l'humectation de la paille ou d'autres matières sur lesquelles les terrines sont placées, tendrait à l'augmenter: sir H. Davy dit que cela arrive. Mais M. Williams, qui doit ici être regardé comme une meilleure autorité, dit qu'il est nécessaire au succès de l'opération que la paille soit sèche; en preuve de quoi il rapporte que quand la paille vient à être mouillée, ce qui arrive assez souvent par accident, on l'enlève et on la remplace; et que quand il la mouillait à dessein dans quelque partie de l'enclos, la formation de la glace y était toujours empêchée : la raison en est claire ; l'eau, en amollissant la paille, la rend facilement compressible par le poids des terrines, et en même temps elle remplit ce qui aurait été autrement des espaces vides entre ses parties. La paille, en conséquence, dans cet état condensé, doit offrir un passage facile à la chaleur de la terre aux terrines, et tout le monde accorde que l'usage de la paille sèche, dans ce procédé, est d'intercepter le passage de la chaleur. De plus, l'humidité qui descend de la paille à la terre qu'elle couvre, s'élèvera ensuite sous forme de vapeur, ayant acquis la même température que celle de la terre chaude, et communiquera de la chaleur aux terrines. Enfin, une partie de cette vapeur sera condensée en eau par les terrines, ce qui doit occasionner un dégagement de chaleur.

4°. Sir R. Barker et M. Williams rapportent, à l'appui de leur opinion, que les terrines, quand elles sont neuves, sont si poreuses qu'elles permettent promptement à l'eau de transsuder, et que les vieilles, qui le permettent à un moindre degré, sont moins convenables pour faire de la glace. Mais l'argument qu'ils en déduisent est complètement réfuté par un fait que M. Williams rapporte lui-même ; car il dit que les terrines sont graissées avant qu'on ne s'en serve, pour empêcher l'adhésion de la glace à leurs parois ; si cette intention est effectuée, l'eau ne peut jamais venir en contact avec la terrine, et en conséquence elle ne peut jamais passer au travers.

La véritable raison de l'aptitude moindre des vieilles terrines pour la formation de la glace paraît être la suivante. La cause immédiate du froid dans cette opération doit résider dans l'eau, puisque ni la paille sur laquelle les terrines sont placées, ni l'air supérieur n'ont jamais été trouvés, par M. Williams, d'une température aussi basse que 32° (0°,0) ; conséquemment, tout ce qui empêche le passage de la chaleur de la paille à l'eau doit favoriser la congélation de cette dernière. Mais cela se fera moins efficacement par une vieille terrine que par une neuve, vu que la densité de la première est plus grande, à cause de la graisse dont elle est enduite, du limon et du sable qui entrent avec l'eau dans ses pores, quand ils ne sont pas encore entièrement bouchés par la graisse ; ce qui doit arriver souvent, puisqu'on ne les graisse qu'une fois tous les trois à quatre jours. Toutefois, la différence dans l'effet entre les terrines vieilles et neuves doit être fort petite, puisqu'il ne paraît pas que les vieilles soient mises au rebut pour cause d'incapacité.

On peut expliquer de la même manière, sans le secours du froid produit par l'évaporation de l'humidité des parois extérieures des terrines, un autre fait rapporté par M. Williams, qu'on trouvait souvent de la glace dans ces vaisseaux, pendant que l'eau contenue dans une soucoupe de porcelaine, au milieu des terrines, n'en donnait pas ; puisque la substance mince et dense de la soucoupe devait transmettre plus vite que la substance épaisse et peu compacte des terrines, la chaleur de la paille à l'eau.

5°. En rendant compte de la formation de la glace au Bengale, il est nécessaire de faire voir, non-seulement comment la première couche se produit, mais aussi de quelle manière l'épaisseur de cette couche augmente ensuite. Si l'évaporation est la cause de cette augmentation, il suit qu'une lame de glace, dans la nuit et dans l'air le plus tranquille, circonstances défavorables à cette opération, doit encore émettre autant d'humidité qu'il est nécessaire pour la production d'un froid qui, selon M. Williams, serait au moins de 14° (7°,75), et, d'après sir H. Davy, au moins de 18° (10°,00); conclusion qui me paraît suffisante pour détruire d'elle-même le crédit de la théorie d'où on l'a tirée.

Pendant que je m'occupais de ce sujet, le desir me vint de connaître le degré de froid qui pourrait être produit par l'évaporation de l'eau contenue dans un vase peu profond. Dans cette vue, je plaçai sur un lit de plumes situé entre la porte et la fenêtre d'une chambre, dans ma maison à Londres, deux soucoupes de porcelaine: dans l'une je versai de l'eau de manière à en couvrir le fond à une épaisseur de trois lignes; l'autre soucoupe fut laissée sèche. La boule d'un petit thermomètre étant alors appliquée sur le côté intérieur du fond de chaque vase, j'observai plusieurs jours, en diverses saisons de l'année, la différence entre ces instrumens pendant que la porte et la fenêtre étaient ouvertes. Je trouvai en conséquence que, quand la température de l'air de la chambre était à 75° (23°,85), la plus haute à laquelle aucune expérience ait été faite, le thermomètre de la soucoupe contenant de l'eau était entre 6° et 7° (3°,30 et 3°,85) plus bas que celui placé dans la soucoupe sèche; que la différence entre ces thermomètres diminuait graduellement à mesure que l'air se refroidissait, et que quand la température de l'air était à 40° (+4°,45), la plus basse que j'aie observée, la différence n'était que de 1° $\frac{1}{2}$ (0°,82). Conséquemment, à 32° (0°,00), elle aurait été moindre, et quelques degrés en-dessous, il est présumable qu'il n'y en aurait plus eu.

Cette supposition s'accorde avec une observation faite par M. Wilson de Glascow, qui a trouvé qu'il ne se produisait aucun froid par l'évaporation de la neige ayant une température de 27° (— 2°,75), quoiqu'il agitât fortement l'air à son voisinage immédiat.

Les conclusions que j'ai données concernant le froid produit par l'évaporation de l'eau, sont tirées d'expériences faites, de jour, quand le ciel était clair, l'air bien calme, et la température de l'atmosphère stationnaire : pendant la nuit et dans un jour nuageux, les différences furent moindres. D'un autre côté, elles étaient plus grandes si l'air avait un mouvement sensible ; elles étaient aussi plus grandes si la chaleur de l'atmosphère augmentait, mais moindres si elle diminuait.

Ayant ainsi, j'espère, mis hors de doute que la formation de la glace au Bengale n'est pas occasionnée par l'évaporation, j'exposerai maintenant plusieurs raisons qui m'ont conduit à conclure qu'elle dépend du rayonnement de la chaleur vers les cieux.

I. Cette cause, non-seulement existe, mais elle existe même à un degré suffisant pour la production de l'effet qu'on lui attribue ; car M. Wilson a trouvé la surface de la neige, pendant une nuit claire et calme, de 16° (8°,85) plus froide que l'air à deux pieds au-dessus d'elle, la température du dernier étant prise avec un thermomètre nu ; au lieu que la plus grande chaleur observée par M. Williams, à une distance de 5 ½ pieds de la terre, pendant qu'il supposait une production de glaee, n'était que de 14° (7°,75) au-dessus du point de congélation de l'eau. Je n'ai pas besoin de parler de la différence de 18° rapportée par sir H. Davy, puisqu'il ne parle pas d'après sa propre observation, et qu'il ne donne aucune autorité à ce qu'il avance, même quoique cette différence soit beaucoup moindre que celle que j'ai essayé de montrer possible, et devant quelquefois arriver, par le rayonnement de la chaleur pendant la nuit, entre la température de l'air à quelques pieds au-dessus de la terre et celle des corps placés à sa surface.

Il faut aussi dire ici que, selon M. Leslie (1), le pouvoir de rayonnement de l'eau excède peut-être celui de toute autre substance.

II. La glace se forme au Bengale principalement durant les nuits les plus claires et les plus calmes, et c'est pendant de telles nuits qu'on observe le plus grand froid par rayonnement sur la surface de la terre. Dans la méthode plus perfectionnée de sir R. Barker, de conduire l'opération, on se procure une tranquillité extraordinaire de l'air en contact avec l'eau à refroidir, en plaçant les terrines qui la contiennent un peu au-dessous du niveau du sol, position dans laquelle, comme on l'a fait voir précédemment, les corps doivent, durant la nuit, se refroidir par rayonnement vers le ciel, plus que dans toute autre.

III. Le froid par lequel la glace est produite au Bengale paraît, comme je crois pouvoir l'inférer de ce que dit sir R. Barker, dans son plus grand degré, comme froid de rayonnement dans les autres corps, durant ces nuits tranquilles et sereines où il se dépose peu de rosée de l'atmosphère.

IV. Les nuages et le vent empêchent la formation de la

(1) *On Heat*, p. 80.

glace au Bengale, et les mêmes états de l'atmosphère empêchent ou diminuent considérablement la production du froid par rayonnement des corps sur la terre pendant la nuit.

Je terminerai ce sujet en rendant compte de quelques tentatives pour procurer la congélation de l'eau, pendant la nuit, dans cette contrée, en l'exposant à un air d'une température supérieure à 32° (+0°). Je les ai faites en 1812, dans le lieu ordinaire de mes expériences, qui n'était pas bien convenable à la production d'un grand froid par rayonnement, et pendant des nuits qui n'étaient pas des plus favorables à une telle entreprise, même parmi celles qu'on pouvait rencontrer dans ce pays. Il est aussi à propos de mentionner qu'alors j'étais moins capable de conduire de semblables expériences, et d'en tirer parti, que je ne le devins ensuite par une plus grande habitude de considérer ces objets.

EXPÉRIENCE Ire.

Le soir du 3 mai, dans l'intention d'imiter la méthode de faire de la glace décrite par sir R. Barker, j'avais, au milieu du jardin dont j'ai si souvent parlé, une fosse de 4 ½ pieds de longueur, de 3 pieds de largeur et de 2 pieds de profondeur : elle avait, par conséquent, la même profondeur que les excavations décrites par ce gentilhomme; mais ses autres dimensions étaient beaucoup moindres. Je jonchai alors sur son fond, jusqu'à la hauteur d'un pied, de la paille nette et sèche; sur la paille furent placées, à côté l'une de l'autre, une quantité de petites terrines peu profondes, dont une partie était vernissées, et les autres ne l'étaient point. Enfin, toutes les terrines furent remplies d'eau douce, qui avait bouilli le même soir. Contre mon attente, les vases sans vernis demeurèrent aussi secs en dehors que ceux qui étaient vernissés, après qu'on y eut versé de l'eau. Je conclus, d'après cela, que les premiers étaient d'une nature plus compacte que ceux non vernissés employés aux Indes, et que leur densité était la raison pour laquelle la glace n'y parut pas ensuite plutôt que dans les terrines vernissées dont je m'étais servi.

Deux terrines contenant de l'eau bouillie furent mises sur le gazon, à une petite distance de la fosse; un verre de montre plein d'eau bouillie fut aussi placé sur le gazon, et un autre sur la planche élevée, qui avait été couverte d'une légère couche de sable. Toutes ces dispositions ne furent faites qu'à 10 heures du soir; à 1 heure du matin la glace parut dans le verre de montre sur le gazon et sur la planche élevée; la chaleur de l'air, telle que la donna un thermomètre nu, étant alors, à 4 pieds au-dessus du sol, à 39° $\frac{1}{3}$ (+4°,03), et à 7 pieds, à 40° $\frac{1}{2}$ (+4°,72). A 2 heures, on observa de la glace dans les terrines de la fosse, quand le thermomètre à 2 $\frac{1}{2}$ pieds au-dessus du sol était à 36° $\frac{1}{2}$ (+2°,47). Bientôt après la glace se forma dans les terrines sur le gazon. La température de l'herbe entièrement exposée au ciel était dans le même temps à 30°(—1°,10), pendant que celle de la terre, un pouce en dessous du pied de l'herbe, était à 45° (+7°,20). Pendant la durée de ces observations, il se formait de la rosée en abondance.

EXPÉRIENCE IIe.

Ma tentative subséquente fut par la méthode que M. Williams indique.

Le 22 de mai au soir, j'entourai un espace de terrain carré et de niveau, dont les côtés avaient 3 pieds de longueur, d'une petite levée de terre de 4 pouces de hauteur, et je remplis l'aire de paille sèche. Je mis dessus plusieurs des terrines dont je m'étais servi précédemment, et quelques vases plus petits, tous contenant de l'eau non bouillie. Après une exposition d'un peu plus d'une heure, l'eau dans un verre de montre sur la paille était gelée, la température de l'air, 2 pieds au-dessus de la paille, étant alors à 37° (+2°,75); demi-heure après la glace commença à paraître dans les terrines, lorsque le thermomètre placé à 5 ½ pieds au-dessus, hauteur à laquelle M. Williams suspendait le sien, était à 36° (+2°,20). L'air devint plus froid bientôt après; mais la température ne fut jamais inférieure à 33° (+0°,55), quoique prise par un thermomètre nu, qui, comme nous l'avons remarqué précédemment, fait paraître l'air, dans une nuit claire et calme, environ 2 degrés plus froid qu'il ne l'est réellement.

On pourrait croire, d'après ce que dit M. Williams, que la température des lits de paille sur lesquels les terrines à glace étaient placées à Benarès, se présentait toujours au-dessus du point de congélation, pour la raison que la paille ne contenant aucune humidité, ne pouvait, comme l'eau, devenir froide par l'évaporation. J'avais par conséquent été surpris, durant la première expérience, parce que j'étais alors peu familiarisé avec les phénomènes du froid observé avec la rosée, en voyant qu'un thermomètre mis sur une partie exposée de la paille était toujours au-dessous du point de congélation lorsque la glace avait commencé à se former dans les terrines. Cependant, lorsque j'eus relu une seconde fois son détail du procédé avec plus d'attention, mon étonnement cessa ; car, comme les terrines dont il parle étaient larges et se touchaient l'une l'autre, et que les terrines employées dans l'Inde pour faire de la glace s'élèvent en s'élargissant depuis leur fond, comme nos terrines à lait, le thermomètre qu'il plaça sur la paille doit avoir été privé de tout aspect du ciel, et dut par conséquent marquer une température beaucoup plus haute que s'il eût été mis, comme dans mon expérience, sur de la paille entièrement exposée au ciel. C'est pourquoi, la seconde nuit, je plaçai un thermomètre à couvert sous un côté d'une terrine sur le lit de paille, et je le trouvai tout d'une fois 6° (3°,30) plus haut qu'un semblable instrument, sur une partie du lit de paille qui était découverte ; en général cependant, la différence n'était pas aussi grande. Si mes terrines eussent été larges comme celles de M. Williams, j'aurais sans doute obtenu des différences plus considérables ; car, en raison de leur petitesse, je ne pouvais placer un thermomètre sur le lit de paille de manière à ce qu'il fût entièrement privé de l'aspect du ciel par le côté de l'une d'elles, sans être presqu'au contact de la terrine, qui était toujours plus froide que la paille abritée.

Il se forma beaucoup de rosée dans le cours de cette nuit. La plus grande différence que je remarquai entre les températures de l'herbe et de l'air, était de 6° (3°,30) ;

et entre celle de l'air et d'une partie entièrement exposée du lit de paille, elle était de 9° (5°,0).

EXPÉRIENCE IIIe.

Cette expérience fut commencée le soir du 16 octobre, et fut également faite suivant la méthode indiquée par M. Williams.

La glace parut dans les terrines quand la température de l'air, à la hauteur de 5 ½ pieds était, selon un thermomètre nu, à 37° (+2°,75).

Cette nuit, je plaçai sur le lit de paille une terrine sèche parmi celles qui contenaient de l'eau, et je trouvai le côté intérieur de son fond autant plus froid que l'air, que l'eau l'était dans les autres terrines avant que la glace y parût. Lorsque l'eau eut commencé à se geler, on ne pouvait plus faire aucune comparaison entre sa température et celle de la terrine vide. Pendant la nuit cette terrine attira de l'humidité qui fut convertie en une lame de glace.

Mais le principal fait établi par cette expérience fut que l'eau pouvait se geler pendant la nuit, dans l'air dont la température était supérieure à 32° (0°), non-seulement sans perte de poids par l'évaporation, mais avec une acquisition de poids par une marche opposée.

J'avais observé que de l'eau exposée de bonne heure dans la soirée, en plein air au ciel, perdait un peu de poids dans le cours d'une nuit claire; j'imputai cela à l'évaporation qui avait lieu avant que l'eau ne fût assez refroidie pour condenser la vapeur de l'atmosphère, et à ce que le poids regagné ensuite était insuffisant pour compenser la première perte. J'exposai en conséquence, cette nuit, à l'influence du ciel, de l'eau jusqu'à ce qu'elle fût amenée à 34° (+1°,10). J'avais aussi exposé à l'air deux soucoupes de porcelaine, et je versai dans chacune 2 onces de cette eau refroidie; alors je les plaçai sur le lit de paille. Au matin je trouvai un pain mince de glace dans les deux soucoupes, dont l'une avait acquis 2 ½ grains, et l'autre 3 grains en poids. La rosée avait aussi été abondante cette nuit. En même temps l'herbe était 9 ½ (5°,2), et la partie exposée du lit de paille 12° (6°,65) plus froides que l'air (1).

Il doit paraître évident que la formation de la glace, dans les trois expériences précédentes, est l'effet d'une opération naturelle, semblable à celle par laquelle la même substance est produite au Bengale. Conséquemment, ces deux faits doivent avoir une cause commune; et il a été démontré par la dernière expérience, indépendamment de ce qui avait déjà été dit, que ce n'est pas l'évaporation. De plus, il est aussi évident que le froid excité sur l'eau, dans ces trois dernières expériences, avait une cause commune avec celui observé sur l'herbe et sur la paille, lequel dernier froid doit, en conséquence des preuves données précédemment, être considéré comme provenant du rayonnement de la chaleur de ces substances vers le ciel. Une induction nécessaire est donc que la formation de la glace au Bengale, dans

---

(1) Le froid, dans cette expérience et dans la précédente, observé plus grand sur la paille que sur l'herbe, doit être attribué à la petitesse de celle-ci, par la raison que la chaleur se communiquait facilement de la terre à ses parties supérieures.

les circonstances rapportées par sir Robert Barker et M. Williams, doit également être attribuée à une perte de chaleur que l'eau éprouve par son propre rayonnement, lorsqu'elle est exposée de façon à ne pouvoir acquérir que peu de chaleur des autres corps, par rayonnement ou par communication (1).

CONCLUSION.

Les expériences que j'ai faites sur la rosée et les autres sujets traités dans le précédent Essai, furent inévitable-

(1) Dans les soirées qui précèdent les nuits pendant lesquelles la glace est produite au Bengale, la température de l'eau exposée dans les terrines est probablement souvent de 60° (+15°,55) ou plus. Mais de l'eau à la température de 60° (si on l'expose dans un vase de terre peu profond à l'air, à la même température pendant le jour, lorsque le temps est calme et clair) perdra environ 3° (1°,65) de chaleur par l'évaporation. Un froid par cette cause peut donc concourir avec celui par rayonnement, et par conséquent peut, au Bengale, accélérer quelque peu la formation de la glace. Toutefois, l'influence de l'évaporation à cet égard, quand même l'état de l'air, par rapport à l'humidité, le permettrait, ce qui ne doit pas être souvent le cas, lorsque la rosée se forme, diminuera graduellement à mesure que la nuit avancera, et finira à la longue presque par disparaître avant que la congélation de l'eau ne commence, puisque je viens de faire voir que l'évaporation de l'eau à 32° (0°) de température produit fort peu de froid, même de jour. A la vérité il me paraît beaucoup plus probable que, pendant une nuit claire et calme, quoique dans un hiver sec du Bengale, l'eau à la température de 32° (0°) doit acquérir de la chaleur par la formation de la rosée sur elle, plutôt que de devenir froide par évaporation.

ment accompagnées de beaucoup de difficultés qui ont été fortement senties, puisque ma santé avait été long-temps faible, et que les devoirs de mon état m'obligeaient de retourner à Londres au matin, sans m'être reposé, après avoir employé toute la nuit à travailler aux objets de mes recherches. La fatigue dont je parle était même si grande, que je fus deux ou trois fois obligé d'arrêter mes travaux pendant des mois entiers, et à la longue de m'en désister entièrement, avant d'avoir completté le plan que je m'étais proposé.

Je prends la liberté de rapporter ces choses pour excuser en partie les imperfections qu'on trouvera dans ce que j'ai écrit. J'aurais pu, sans doute, en écarter quelques-unes en interrogeant plus long-temps la nature (1).

Londres, le 25 septembre 1815.

(1) Des expériences rapportées au commencement de la seconde partie de cet Essai, dans la vue de prouver que la formation de la rosée est un effet d'un froid préalable dans les substances sur lesquelles elle se dépose, celles d'une seule soirée furent remarquables par la grandeur de leurs résultats, le temps ayant peu favorisé mon dessein les autres soirs. Je profitai donc de ce que j'étais à la campagne à une distance de quelques milles de Londres, le 21 de ce mois, l'avant-dernier jour d'un espace extraordinaire de temps sec, pour exposer au ciel, 28 minutes avant le coucher du soleil, des touffes pesées de laine et de duvet de cygne sur une table de sapin polie, non peinte et parfaitement sèche, longue de 5 pieds, large de 3, et élevée de près de 3 pieds, qui avait été placée, une heure auparavant, au soleil, sur un champ de gazon étendu et de niveau. A cette époque et pendant mes expériences, l'air était bien tranquille et le ciel bien serein.

L'atmosphère aussi contenait très-probablement fort peu d'humidité, puisqu'il n'avait point plu depuis long-temps; et apparemment la surface de la terre n'en contenait aucune. La laine, 12 minutes après le coucher du soleil, fut trouvée de 14° (7°,75) plus froide que l'air, dont la température était estimée par un thermomètre nu suspendu à quatre pieds au-dessus de la terre: elle n'avait acquis aucun poids. Le duvet, dont la quantité était beaucoup plus grande que celle de la laine, était dans le même temps 13° (7°,20) plus froid que l'air, et également sans poids additionnel. 20 minutes plus tard, le duvet était 14° ½ (8°,02) plus froid que l'air voisin, et toujours sans augmentation de poids. Mes expériences cessèrent alors faute de jour.

Dans mes expériences antérieures de ce genre, le plus grand froid que j'aie observé par l'effet du rayonnement, sans apparence de rosée, n'était que de 9° ½ (5°,27).

En faisant les expériences sur la laine et le duvet, j'examinai fréquemment la température de l'herbe, et je la trouvai une fois 15° (8°,30) plus froide que celle de l'air à 4 pieds au-dessus de la terre. Cette différence est de 1° (0°,55) plus grande qu'aucune que j'aie jamais trouvée auparavant entre les températures de l'atmosphère et du duvet mis sur l'herbe. Je n'avais placé, ce soir, aucun duvet sur l'herbe.

Ces expériences n'ont été faites que quand l'impression de cette édition était presque finie; elles n'ont pu, conséquemment, être rapportées à leur place.

www.ingramcontent.com/pod-product-compliance
Ingram Content Group UK Ltd.
Pitfield, Milton Keynes, MK11 3LW, UK
UKHW020914180726
13838UKWH00002B/542